C. S. Lewis.

四种爱

THE FOUR LOVES

【英】C.S. 路易斯 著 汪咏梅 译

华东师范大学出版社

VI HORAE
华东师范大学出版社六点分社　策划

谨以此书纪念C.S.路易斯逝世五十周年。

爱不会扼杀我们，

也不会自行消殒。

——多恩

目　　录

中译本序（何光沪）/ *1*

引　言 / *1*

物　爱 / *1*

情　爱 / *26*

友　爱 / *57*

爱　情 / *97*

仁　爱 / *128*

译者后记 / *160*

中译本序

爱，在我们这个时代，也许比在其他任何时代更甚，已经成为人生最大的支柱，或最后的支柱。

但是这个支柱，在我们这个时代，也许比在其他任何时代更甚，又已变得极其脆弱，一触即溃。

难怪许许多多的人会觉得，人生的大厦或者小屋，常常岌岌可危！

这种危局，是我们自己造成的——我们常常没能把爱想透，把它看得太简单，或者混同于别的东西；我们常常只用一种爱（例如男女之爱）取代别的爱，眼光变得太狭窄；我们常常对爱过于信赖或近乎崇拜，把它当成了上帝——圣经说“上帝就是爱”，但人间的爱并不就是上帝！

这就好像一个人把桌子腿当作了房子的支柱，或者以为一根支柱就能撑起整座房子，或者以为有了几根支柱就可以不要地基！

这种危局，不是不可以改变的——你手里这本书，就曾经帮助了一个又一个人，完成这个巨大的改变！当然，那需要有一点点“正心诚意”，花一点点时间去读读这位大作家的这本小小书，跟着他去看一看各种各样的爱，去想一想各种各样的爱，去体会一下各种各样的爱。

真的，C.S.路易斯会帮助我们去想透爱，去看清爱，去体会爱。我们可能经历过许多人的爱、爱过许多人，也看过许多人的爱，但也许都只属于一种或两种，C.S.路易斯会让我们懂得好几种真正不同的爱。还有，对同一种爱，他会变换不同的角度去观察、去思考，再用亲切、机智的方式，向我们娓娓道来……

他不但谈到了爱的魅力，也谈到了爱的陷阱；他不但谈到了“给予之爱”的危险，也谈到了“需求之爱”的崇高；他充分发掘和赞美了各种爱具有的种种美质，也深刻地揭示和剖析了各种爱具有的种种缺陷。他不像一般人只把爱视为一种上天赐给的礼物，而且提醒人们要由此做出靠近上帝的努力。最重要的是，他指出了人间的爱之不可靠、甚至有沦为魔鬼、毁灭人生的危险，所以，必须有仁爱来加入，必须有圣爱来转变；人类的爱必须有超人间的基础，必须有超人间的目标——那就是书中所说的“大爱”。

所以，我们可以说，C.S.路易斯就像一个老练的人生“建筑师”，他会教你识破某根支柱的钢筋裂痕，洞察某些支柱的强度弱点。他会让你明白人生大厦有多少支柱支撑，明白这些支柱又需要有怎样的地基……

我曾在《从岁首到年终》的序言中说，同C.S.路易斯交上一年的朋友，会使你变得更好。现在我要在这里说，好好读读这本小书，会使你拥有更多、更大、更深、更丰富多彩的爱。

我又曾为拥有大爱的特蕾莎修女的言论集写过一篇序言。那本书的书名叫《活着就是爱》，我认为应改为《爱才是活着》。因为，特蕾莎嬷嬷用她的生命告诉我们：爱，才是真正的人生，才会真正地生活。然而，那爱必须是仁爱，或圣爱，或大爱。

何光沪 2007年10月8日

于北京

引　言

圣约翰说："上帝就是爱。"[①]最初构思此书时，我觉得约翰的名言为我提供了一条很好的线索，我可以用它贯穿整个主题的始终。我认为自己应该能够说，人类的爱只有在与**大爱**（即上帝）相似时，才可以称为爱。因此，我首先将爱划分为给予之爱与需求之爱。给予之爱的典型例子是一个男人为家庭未来的幸福筹谋划策、工作、积蓄，虽然这种幸福他不能享受或者见到；需求之爱的典型例子是孩子在孤独、惊恐时扑向母亲的怀抱。

① 圣经《约翰一书》4:6。——译注（本书中注释都为译者所加，不再说明。）

这两种爱谁更接近**大爱**本身，毋庸置疑。上帝的爱是给予之爱：圣父将自己的一切所是及一切所有给予了圣子；圣子也将自己返还给了圣父；圣子还将自己给予了世界，为了世界，将自己给予了圣父，从而也将（位于自己之中的）世界返还给了圣父。

从另一方面说，我们对上帝生命的认识，有什么比需求之爱更为不当的呢？上帝一无所缺，而我们的需求之爱，正如柏拉图所见，是"贫乏之子"，是我们真实的本性在意识中的精确反映。我们生而无助，一旦意识成熟，就会发现自己孤独，无论在身体、感情还是智力上都需要他人，我们若想对任何事物（甚至对自己）有所认识，都离不开他人。

我原以为这本书写起来会很轻松，只是简单地对第一种爱予以颂扬，对第二种爱进行贬抑就可以了。我原先打算讲述的内容，很多在现在看来仍然正确。我仍然认为，我们所说的爱若仅仅是一种渴望——渴望自己被爱，那就十分可悲。但是现在，我不赞同我的恩师麦克唐纳[①]的观点，即，如果我们的爱只是指这种渴望，我们就把根本不是爱的东西误当作了爱。不可否认，需求之爱是**爱**。每次我否认

---

① 乔治·麦克唐纳（George MacDonald，1824—1905），苏格兰基督教作家。路易斯深受其著作的影响，称他为自己的恩师。

它为爱，试图沿着这条思路作清晰的思考，都以困惑与矛盾告终。现实比我想象的要复杂。

首先，如果不称需求之爱为“爱”，我们势必会戕害大部分语言。语言当然不是万无一失的标准。但是，尽管有着种种缺陷，语言中仍然包含着许多积淀的洞见和经验，开始时你不尊重它，到头来会招致它的报复。我们最好不要学亨普蒂·邓普蒂，[①]随心所欲地赋予语词以意义。

其次，在称需求之爱为“纯粹自私”时，我们一定要谨慎，**纯粹**是一个危险的字眼。毫无疑问，像其他本能一样，人也可能出于自私纵容需求之爱。贪婪霸道地索求爱也许很可怕，但是在日常生活中，没有人会因孩子向母亲寻求安慰，称他为自私，对成人在同伙中“找伴”也是如此。很少这样做的人，无论是大人还是孩子，通常都不是最无私的。在心中出现需求之爱时，我们可能有理由对它予以拒绝，或彻底地克制。但是，缺乏需求之爱通常都是冷酷的自我主义者的标志，因为在现实中我们确实彼此需要（“那人独居不好”[②]）。这种需要不以需求之爱的形式在意识中出现，换句话说，那种虚幻的、认为“独居**是**好的”感觉，是精神不健

---

① 《爱丽丝漫游奇境》中的一个蛋形人物。

② 圣经《创世记》2:18。

康的症候，正如食欲不振在医学上是不健康的症候一样，因为人确实需要食物。

第三点要重要得多。每个基督徒都同意，人的精神健康与他对上帝的爱完全成正比。但是，人对上帝的爱就其本质而言，必定在很大程度上始终是需求之爱，往往还纯粹是需求之爱。这点在我们祈求罪得赦免、患难中祈求帮助时显得尤为明显。从长远来看，随着意识的不断成熟，我们也许会更清楚地发现：我们整个的存在本质上就是一个巨大的需求；我们的存在不完整，尚处初始阶段，空虚而混沌；我们向上帝呼求，唯有他能够解开纠结、拾缀松散之物。我并不是说，除纯粹的需求之爱外，人不能带给上帝什么。高尚之人也许会告诉我们，他们已经超越了需求之爱。但是我想，他们也会第一个告诉我们，一旦一个人胆敢认为自己能永远处于那样的境界，从此抛开需求的成分，那样的境界便不复是真正的恩典，将成为新柏拉图主义的幻想，甚至最终沦为邪恶的幻想。《效法基督》[1]中说到，"没有最低者，最高者便站立不住(The highest cannot stand without the lowest)。"一个在造物主面前夸口说"我不是乞丐，我无私地爱你"的受造物，是一个愚蠢狂妄的受造物。那些对上帝

---

① 基督教灵修著作，成书于1390—1440年间，作者不详。

的爱最接近给予之爱的人，很快、甚至当即就会与那个税吏一起捶胸，[1]将自己的贫乏敞露在唯一真正的给予者面前。上帝会让我们这样。针对我们的需求之爱，他说："凡劳苦担重担的人，可以到我这里来。"[2]在旧约中，他也说："你要大大张口，我就给你充满。"[3]

因此，有一种需求之爱——一切需求之爱中最重要的需求之爱——与人最崇高、最健康、最现实的精神状态相吻合，或者说，至少构成了它的主要成分。这样，我们就势必得出一个非常奇怪的结论：人在某种意义上最不像上帝时，最接近上帝。因为，有什么比完满与匮乏、君权与谦卑、公义与忏悔、无限的权力与祈求帮助，相去更远的呢？第一次发现这个悖论时，我大为惊愕，彻底打消了以前准备著书论述爱的念头。面对这个悖论，我们似乎只能如此。

有两种情况都可以称作"接近上帝"，我们必须予以区分。一种是与上帝相似。我想，上帝在他所有的造物身上都留下了与他相似的烙印：空间和时间以自己的方式反映了上帝的伟大；一切生命都反映了上帝旺盛的创造力；动物

---

① 圣经《路加福音》18:9－14 谈到一个税吏在上帝面前真心地祷告悔罪、祈求怜悯。

② 圣经《马太福音》11:28。

③ 圣经《诗篇》81:10。

生命反映了他生生不息的活动；人分有上帝的理性，与上帝的相似更重要；（我们相信）天使分有了上帝的不朽与直觉，他们与上帝的相似为人所不具备。从这个角度说，所有人，无论是好人、坏人，所有天使，包括堕落的天使，都比动物更像上帝。在这个意义上，他们的本性更“接近”上帝的本性。但是，还有另外一种接近，我们可以称之为趋向上的接近。在这个意义上，一个人“最接近”上帝的状态，也就是他最确信无疑、最迅速地趋向与上帝最终的合一、得见上帝、享受上帝的状态。一旦区分了相似上的接近（nearness-by-likeness）与趋向上的接近（nearness-of-approach），我们就会看到二者未必吻合，可能一致，也可能不一致。

打个比方，我们可能就会明白这点。假定我们正走在一段山路上，要回到家所在的那座村庄。正午时分，我们到达了一座崖顶，村庄就在悬崖之下。从空间上看，我们离村庄很近，只有一箭之遥。但是，因为我们不是攀岩能手，不能顺岩直下，所以我们还须再绕一段长长的弯路（也许五英里），才能到家。从静态的角度看，这条弯路的很多地方离村庄都比我们坐在悬崖之上时遥远。但这只是就静态而言，从行进的角度看，我们离家要近得多，热茶、洗澡水已近在咫尺。

上帝是赐福、全能、拥有绝对主权、富有创造力的上帝，所以当我们说,幸福、力量、自由、(思想或身体上的)创造力无论在人生中何处出现,都构成了与上帝的相似,在这个意义上谈与上帝接近时,显然都是有道理的。但是,没有人会认为,拥有这些天赋与成圣有任何必然的联系。没有一种财富是通往天国的通行证。

在崖顶,我们离村庄很近,但是,无论在那里坐多久,热茶、洗澡水离我们都依然遥远。上帝赐予某些受造物在某些处境下的与己相似,以及在此意义上的与己接近,也是如此。这种相似和接近是与生俱来、已经确定的,因相似而接近上帝的受造物,靠其自身永远不可能再接近上帝一步。但是,趋向上的接近,根据其定义,却是不断发展的。相似是上帝所赐,不论感激与否都可以领受,可以被善用,也可以被滥用;但是趋近,不管上帝的恩典如何地引发、帮助,却需要我们自己去努力。万物被造,以不同的方式反映上帝的形像,其间没有他们的参与、甚至许可,万物不是因此成为上帝的儿子。他们因成为上帝的儿子而获得的相似,不是形像或肖像上的相似,在某种意义上说甚至超越了相似,因为这是意志上与上帝的联合、合一。这与我们一直在考虑的那两种接近的区别一致。因此,正如一位伟大的作家所说,我们此生中对上帝的效法,一定是对道成肉身的上帝的效法,这种效法出自我们的意志,不同于上帝在我们的本性或处境中留下的任何相似。我们的榜样是耶稣，不仅是在髑髅地受难的耶稣，也是在工作中、道路上、人群中、面对喧嚷的请求和敌意的反对、没有任何安宁和隐私、处处被打扰的耶稣。这一切虽与我们想象中的上帝的生命相去甚远，却显然不仅貌是，而且确实就是，上帝的生命在人际处境下的展现。

现在我应该来解释，为什么我发现在讨论人类之爱时必须区分这两种接近。长期以来在我的观念中，圣约翰的"上帝是爱"一直有一位现代作家（丹尼斯·德·鲁日蒙①）的一句话与之平衡，那就是，"爱唯有不再变成上帝，才不再沦为魔鬼"。这句话当然也可以改述为："爱一旦变成上帝，亦即沦为魔鬼。"在我看来，鲁日蒙的这种平衡必不可少，起到了预防的作用。倘若忽视了这点，"上帝是爱"这条真理就可能逐渐悄悄地被我们理解为它的反面，即"爱是上帝"。

我想，凡思考过这个问题的人都会明白鲁日蒙的意思。每一种人类之爱在达到巅峰时，往往都宣称具有神圣的权威，其声音听起来仿佛就是上帝自身的意志。它告诉我们要不计代价；要求我们彻底委身；企图置一切其他的宣称于

---

① 鲁日蒙（M. Denis de Rougemont，1906－1985），瑞士法语作家、哲学家、批评家。

不顾；暗示我们，一切行动只要是真心“为爱”而做，就是合法的，甚至值得称赞。爱情与爱国主义企图藉此“成为上帝”已众所周知，情爱也会如此，友爱也不例外，只是方式不同。对此，我在这里不加详述，因为我们会在后面的章节中反复遇到这个问题。

请务必注意，自然之爱（natural loves）这样亵渎地宣称，不是在最堕落的自然状态下，而是在最崇高的自然状态下，在祖辈们所谓的“纯洁”、“高尚”之时。这在爱情方面表现得尤为突出。忠贞、真正自我牺牲的爱情以貌似上帝的声音对我们说话，纯粹的兽欲、轻浮的淫欲则不会。情欲会以多种方式使沉溺其中的人堕落，但不会以冒充上帝的方式；一个人会因情欲冲动而行事，但不可能敬畏它们，正如搔痒的人不敬畏身痒一样。一个没头脑的妇人对娇惯的孩子的一时纵容（这种纵容其实是自我纵容，孩子在她纵容之心大发时是她的活玩偶），与一个名副其实“为儿子而活”的妇人那种深沉专一的献身相比，“成为上帝”的可能性要小得多。我也倾向于认为，那种靠啤酒和乐队激发的爱国热情，不会让一个人为了国家干出太大的坏事（或太大的好事），再来一杯啤酒，再唱一首歌曲，他的爱国热情可能就会被抛诸九霄云外。

这理当在我们的预料之中。我们的爱不会宣称自己是上帝，除非这种宣称貌似可信；这种宣称不会貌似可信，除非我们的爱与上帝——**大爱**本身——有一种真正的相似。千万不要误会，我们的给予之爱确实与上帝相似，而在给予之爱中，那些永无止尽、永不厌倦的给予最与上帝相似，对于这些给予之爱，诗人的一切讴歌都是恰当的。它们表现出的喜乐、活力、耐心、乐意宽容、渴望为所爱者谋幸福，都是上帝生命的真正形像，只是不可加以崇拜。在这个形像面前，我们应该感谢"赐予人如此能力的"上帝。我们可以说那些具有博大爱心的人"接近"上帝。这样说没错，也可以理解。但是，这只是"相似上的接近"，本身不会产生"趋向上的接近"。这种相似由上帝所赐，与那种缓慢、痛苦的趋近没有必然的联系，趋近必须由我们自己完成(虽然绝非无援)。另一方面，这种相似又是那样地光彩夺目，所以我们才会误将相似当作相同。我们可能会将只当献给上帝的无条件的忠心，献给人类的爱。于是，人类的爱就变成上帝，同时也就沦为魔鬼。它们会毁掉我们，也会毁掉自己。因为，自然之爱一旦被允许变成上帝，便不复是爱，名义上虽然仍旧是爱，实则可能变成复杂形式的恨。

需求之爱可能贪婪、苛刻，但不会自立为上帝，因为与上帝不够接近(相似上的接近)，不能有此奢想。

如此看来，对人类的爱，我们既不应随从众人对它顶礼膜拜，也不应随从那些“拆穿家”，把它驳斥得体无完肤。十九世纪文学的巨大错误在于对爱情与“家人之间的情爱”的盲目崇拜。在布朗宁、[1]金斯利、[2]帕特莫尔[3]的有些作品中，坠入情网似乎与成圣无异；小说家也习惯上将“尘世”与家庭，而不是“尘世”与天国对立。我们则与之相反。“拆穿家”们将父辈们对爱的讴歌大都指责为无聊之词与多愁善感，不断地将自然之爱沾满泥土的根茎暴露于众。但是我认为，我们既不应该听信“聪明绝顶的人，也不应该听信愚蠢至极的人”。没有最低者，最高者便站立不住。植物既需要上面的阳光，也需要下面的根茎。根茎必定沾满泥土，但是，你只要让它留在花园里，而不是不停地扬在书桌上，这些泥土大部分是干净的泥土。人类之爱可以成为上帝之爱的光辉形像，足可以达到这点，但也绝不超出于此。相似上的接近有时候会促进趋向上的接近，有时候会妨碍趋向上的接近，有时候既不促进也不妨碍。

---

① 罗伯特·布朗宁(Robert Browning, 1812—1889)，英国维多利亚时代的杰出诗人。

② 金斯利(Charles Kingsley, 1819—1875)，英国圣公会牧师、教师、作家，他的小说在维多利亚时代被广泛阅读。

③ 帕特莫尔(Coventry Patmore, 1823—1896)，英国诗人、小品文作家。

物　爱

我这一辈人，小时候大半都因说“爱”(loved)草莓受到过训斥吧。有些人为英语中有“爱”(love)和“喜欢”(like)这两个动词而自豪，因为法语要表达这两种含义，只能用一个“爱”(aimer)字。但是，法语中也有很多表达方式比我们丰富，实际上，增添这种丰富的还往往是一些来自英语的词汇。大凡说话之人，无论多么古板、虔诚，每天都会说自己“爱”一种食物、一项运动、一项消遣。其实，对事物单纯的喜欢与对人的爱之间有一种连续性。既然“没有最低者，最高者便站立不住”，我们最好从最底层的单纯的喜欢开始；既然“喜欢”一个事物意味着从中获得某种乐趣，我们就必须从乐趣谈起。

人们早已发现，乐趣可分为两种：一种先有渴望，没有渴望便无乐趣可言；另一种自身便是乐趣，不需要渴望作铺垫。前者可以拿饮水为例。你若口渴，饮水是一种乐趣，若非常口渴，饮水便是一种极大的乐趣。但是，除了口渴或遵从医嘱外，世界上可能没有人纯粹为了享受喝水的乐趣而喝水。第二种乐趣可以拿不期而遇的香味为例。如早晨散步时，突然闻到从豆田或香豌豆丛中飘来的一阵清香。在闻到这股香味之前，你一无所缺，完全满足。这种乐趣也许巨大，却是未经寻求、额外添加的礼物。为清楚起见，对这两种乐趣，我都只列举了非常简单的例子，现实中当然有很多复杂的情况。在你期待水（也许会以水为满足）时，若有人给你咖啡或啤酒，你就不仅享受到第一种乐趣——解除了口渴，同时也享受到第二种乐趣——美味。上瘾之人则可能将第二种乐趣转变为第一种乐趣。对一个节制的人来说，偶尔的一杯酒就像豆田散发的香味一样，是一种享受，但是，对一个味觉、肠胃早已被酒破坏的酒鬼来说，酒带来的唯一乐趣就是解除难以忍受的渴望。只要还能分辨口味，他就不会太喜欢这种渴望，但是，相对于保持清醒这份痛苦来说，渴望更好。尽管这两种乐趣相互转换、相互交织，其间的区别还是清晰可辨。我们可以分别称之为需求之乐和欣赏之乐。

需求之乐与第一章谈到的“需求之爱”之间的相似性是有目共睹的。但是不要忘记，我承认自己曾不得不抑制一种倾向，即想要贬低需求之爱，甚至否认需求之爱是爱。在谈论乐趣时，大多数人可能会产生相反的倾向：我们很容易尽情地颂扬需求之乐，对欣赏之乐却报以不悦。前者是如此地自然（“自然”这个词含义多端，可以用来玩文字游戏）、必不可少，正因为自然，所以无过度之虞；后者则是不必要的，为每一种奢侈、罪恶敞开了大门。对欣赏之乐的害处，你若缺乏认识，可以翻开斯多葛派①的著作，在那里，对欣赏之乐的贬抑应有尽有。但是在探讨过程中，我们一定要谨慎，永远不要过早上升到道德的高度，或过早去评价。相对于描述与解释，人们一般更热衷于赞扬和批评，想将每一点区别都变成价值上的区别。所以，这个世界上才会出现那些不可救药的批评家，他们在评论两个诗人时，不按照自己的喜好排序（仿佛诗人是某一奖项的候选人），便无法指出其不同。对乐趣，我们绝不可如此，现实情况太复杂。这点，从欣赏之乐（因为痴迷）一旦变质便以需求之乐告终中，我们就已经得到了提醒。

总之，对我们而言，这两种乐趣之所以重要，是因为它

---

① 晚期古希腊哲学的一个派别，主要主张宿命论和禁欲主义。

们在一定程度上预示着我们的“爱”(真正的“爱”)的特性。

一个口渴、将一杯水一饮而尽的人可能说:“啊,刚才我可真地想喝极了!”①一个呷了一口酒的酒鬼也可能这样说。早晨散步、路过豌豆花丛的人则更可能说:“这花真香!”②品酒师在呷了一口著名的红葡萄酒后,同样也可能说:“这酒真不错!”③在涉及需求之乐时,我们往往用过去时态讲述自己,而在涉及欣赏之乐时,则往往用现在时态讲述对象,其中的原因不难理解。

莎士比亚在描述一阵专横的情欲得到满足时,曾这样写道:

疯狂地追求,一旦满足,
又疯狂地仇恨。

最单纯、最基本的需求之乐也具有某些类似的特征(当然,只是某些类似)。这些需求之乐一旦满足,虽不招致仇恨,但无疑会以惊人的速度立即消失得无影无踪。割完草,口干舌燥地走进厨房,水龙头和水杯对我们确实很有吸引

---

① 英文原文用的是过去时态。
② 英文原文用的是现在时态。
③ 英文原文用的是现在时态。

力，六秒钟之后，这种吸引力便荡然无存。同样，在早餐前与早餐后，油炸食物的气味闻起来也大不相同。如果你允许我举一个最极端的例子，我想问：大多数人难道不曾遇到这样的时刻——（在陌生的小镇）看见一个门上方写有“男厕所”几个字，高兴得几乎吟诗庆贺？

欣赏之乐则大为不同。它让我们感到，某个东西不仅实际上满足了我们的感官，还理当得到我们的欣赏。品酒师享受红葡萄酒的程度，与他脚冷时享受温暖的程度不完全相同。他认为，面前的这杯酒值得他全神贯注地去品尝，这样才不枉融入酿造之中的一切传统和工艺，不枉自己这些年对品酒口味的培养。他对酒的态度甚至含有一丝无私的成分。他（不完全是为了自己）希望这酒能够得到妥善保存；即使在弥留之际，再也不能饮酒，但是，一想到这酒被洒或变坏，甚至被（像我这样不辨酒质优劣的乡巴佬）喝掉，他也会感到心惊。路过豌豆花丛的那个人也是如此。他不只是享受花香，他还认为这股清香无论如何都值得享受。倘若路过这簇花丛时，他未曾注意到花香，没有因此而欢欣，他会责备自己感觉麻木、迟钝，觉得这么好的东西浪费在他身上着实可惜。此后很多年，这个美好的时刻都会留在他的记忆里。如果听说他那天散步路过的那片园子，如今变成了影院、停车场和新修的小马路，他会感到惋惜。

从科学的角度说，这两种乐趣无疑都与我们的机体有关。但是，需求之乐主要与人体及它当时的状况有关，除此之外，对于我们便不再有任何意义，也不会引起我们的注意。提供欣赏之乐的事物则让我们觉得（不管这种感觉是否理性），无论如何，我们都有义务去注意、品赏、赞美它们。那位品酒大师会说："把这么好的酒放在路易斯面前，简直是罪过！"我们也会问别人："你怎么可能在路过这片园子时，不注意到它的花香？"但是对需求之乐，我们永远不会有这种想法。因为不渴故而未在路过井旁时掬口水喝，对此，我们不必责备自己或他人。

需求之乐如何预示需求之爱是显而易见的。在需求之爱中，我们从自我需要的角度去看爱的对象，正如口渴的人看厨房的水龙头、酒鬼看杜松子酒一样。需求之爱如同需求之乐，随着需要的消失而消失。幸运的是，这并不意味一切以需求之爱开始的感情都是短暂的。需求本身可能是永久的，或会反复出现；需求之爱中可能有其他的爱加入；道德规范（夫妻忠贞、子女孝顺、知恩图报等等）可能会让双方的关系持续一生之久。但是，如果孤立无援，需求一消失，我们就几乎不能期望需求之爱不"转瞬即逝"。正因为如此，世界上才充满了母亲和情妇的抱怨——抱怨成年的孩子冷落她们，抱怨情郎的爱纯属需求，在她们予以满足后便弃之而去。我们对上帝的需求之爱则处于不同的境地，因为我们对上帝的需要无论在此世还是在任何其他世界，都永远不会终结。但是，这种需求的意识却会丧失，于是，这种需求之爱就会逝去。“魔鬼病了，也会变成修士。”有些人一旦脱离了“危险、贫困、患难”，信仰就随之消失。将他们短暂的虔诚描述为虚伪，似乎没有道理。他们为什么不该虔诚？绝望中他们哀号求助，谁处于那样的境地会不虔诚？

欣赏之乐所预示的却不那么容易说明。

首先，欣赏之乐是整个审美经验的起点。我们不可能在“感官”之乐与“审美”之乐之间划一条界限，界限以下属感官之乐，界限以上属审美之乐。品酒师的经验中已经包含了专注、判断、训练有素的鉴赏力等非感官的因素，音乐家的经验中则仍然包含着感官的因素。闻到花园的芬芳是感官之乐；欣赏整体的乡村风光（或“美”），乃至欣赏山水画家、田园诗人的作品，是审美之乐。二者之间并无分界，只有浑然一体的连续性。

如前所见，这些欣赏之乐从一开始就有一丝无私的影子或端倪，或者说，它们一开始就吸引人走向无私。当然，从某种角度说，需求之乐也可以是无私的，而且更显示出英雄气概。如，受伤的西德尼[1]将一杯水让给生命垂危的士兵。但这不是我现在所说的无私。西德尼的爱是邻人之爱。但是，即便在最低层次的欣赏之乐中，我们也能感受到一种对事物本身的、令人欲称之为爱或无私的情感。随着欣赏之乐发展成为对一切美的全面欣赏，这种感受越发加深。正是因为这种情感，我们迫切地希望那片园子或豆田能够继续存在那里；我们为自己永远无缘目睹的森林未遭破坏而欢欣；我们不愿意毁掉一幅名画，即便世界上只剩下我一个人，而且我也即将离世。我们不仅喜爱这些事物，一时之间，我们还用类似上帝的口吻称它们"甚好"。[2]

现在，我们从最低者入手的原则——没有最低者，最高者便站立不住——开始发挥作用，它让我看到先前将爱划分为需求之爱与给予之爱的不足。爱中还存在第三种要素，它和前两者同样重要，由欣赏之乐预示了出来。我们断定爱的对象甚好；认为自己有义务对它予以关注（这种关注近乎敬意）；即使永远无缘享受，仍然希望它保持、并继续保持自身本色。这种判断、关注和希望不仅可以针对于物，而且可以针对于人。针对于女士时，我们称之为倾慕；针对于

---

① 西德尼（Philip Sidney，1554－1586），英国政治家、军事领袖，1586年在英国支持荷兰反对西班牙统治的战争中负伤去世。

② 参见圣经《创世记》1:31——"上帝看着一切所造的都甚好。"

男士时，称之为英雄崇拜；针对上帝时，就是敬拜。

需求之爱自贫乏中向上帝呼求；给予之爱渴望侍奉上帝，甚至为上帝忍受苦难；欣赏之爱说“我们因为你无上的荣耀称谢你。”对一个女人，需求之爱说“我不能没有她”；给予之爱渴望为她提供安全、舒适和幸福，如果可能，还有富足；欣赏之爱屏声静息、凝神注视，为世上竟存在这样的绝代佳丽而欢欣。即便不能拥有，也不觉得彻底失望；宁肯不能拥有，也不肯未睹芳容。

肢解即消亡。感谢上帝，在现实生活中，爱的三要素不时地相互交融，彼此更替。或许，除需求之爱外，没有一种爱能够纯净地（化学意义上的纯净）单独存在片刻。这也许是因为，在此生中，我们除了匮乏，没有一样是永久的。

有两种以非人格的事物为对象的爱需要特别加以说明。

对有些人来说，尤其对英国人和俄罗斯人来说，所谓的“爱大自然”是一个永恒、重要的情结。这里的“爱大自然”指的不是那种单纯的对美的热爱。当然，很多自然事物——花、木、鸟、兽——都是美的。但是，我现在所说的那些自然爱好者，他们对具体的美的事物并不十分关心，那些关心具体的美的事物的人反而会妨碍他们。对他们来说，与一个兴致勃勃的植物学家一同散步是一件糟糕的事，他会不断地停下来，让他们注意细节。他们不是在寻找风景，其代言人——华兹华斯[1]强烈地反对这种做法。他说，寻找风景会让你"在风景之间进行比较"，让你"以色彩、比例这几项可怜的新玩意儿为满足"。当你忙于这种区别性、评判性的活动时，你就错失了真正重要的东西——"时令季节的气息"，即一个地方的"灵魂"。华兹华斯说的没错。所以，倘若你以他的方式去爱自然，(在户外)与风景画家为伴比与植物学家为伴更糟糕。

真正重要的是"气息"或"灵魂"。自然爱好者想尽可能全部获得自然在每个具体的时间和地点向他们传达的各种信息。在他们看来，单调凄凉、狰狞恐怖的景色与富丽眩目、优美和谐的景色同样宝贵。即便一个地方毫无特色，这种缺乏特色本身也会得到他们的积极反馈，这是自然向他们传达的又一信息。他们敞开自己，体验每一片乡间、每一个时辰本身的特色，希望把这个特色融入自己，让它将自己全然浸透。

像众多其他的体验一样，这种体验在十九世纪被尽情讴歌之后，已经遭到现代人彻底的批驳。我们不能不赞同

① 华兹华斯(William Wordsworth, 1770－1850)，英国主要的浪漫主义诗人和桂冠诗人。

那些“拆穿家”的观点，即，华兹华斯在不以诗人，而是以哲学家(或半个哲学家)的身份讲述这种体验时，说了一些愚蠢至极的话。除非我们已经找到证据，否则，认为花朵喜欢所呼吸的空气，便是愚蠢。倘若花朵喜欢所呼吸的空气，它们无疑既能享受快乐也能感受痛苦，进一步这样认为就更加愚蠢。同样道理，多数人不是从“春天树林的脉动”中学习到道德哲学。

即便学到，那也未必是华兹华斯赞同的道德哲学，可能是残酷竞争的道德哲学。我认为，一些现代人学到的正是如此。对他们而言，只要自然能够唤起“血液中邪恶的神灵”，①他们就爱它，因为在那里，性、饥饿、单纯的力量在无情无耻地运行。

你若以自然为师，它会将你已定意要学的东西教授给你。换句话说，自然并不施教。显然，以自然为师的倾向极易嫁接到所谓“爱大自然”的体验之上。但仅仅是嫁接。当我们真正为自然的“气息”和“灵魂”左右时，它们并不揭示任何道德。在自然中，你会体验到无法抗拒的快乐、难以承受的辉煌、昏暗惨淡的凄凉，你若定要从中求得什么哲理，尽情去求索好了。自然对人的唯一命令是：“看，听，注意。”

① 指本能，尤其是性本能。

这个命令常常被误解，让人们创立出各种神学、泛神学、反神学(所有这些都可能被拆穿)，这本身并没有真正触及到“爱大自然”这种体验的核心。他们——无论是华兹华斯派，还是崇尚“血液中邪恶神灵”的人——从自然中获得的是一个象征，一种由意象组成的语言。我指的不只是视觉意象，那些“气息”、“灵魂”本身就是意象，有力地表现了恐怖、阴郁、欢乐、凶残、贪欲、无邪、纯净。每个人都可以用这些意象来表达自己的信仰，我们应该从别处学习神学和哲学(我们常常从神学家、哲学家那里学习，这并不奇怪)。

但是，当我说“用这些意象表达自己的信仰”时，我指的不是像诗人那样，用自然来作直接或间接的比喻。实际上，我也可以说，用它们“填充”我们的信仰，或者说，通过它们，使我们的信仰“具体化”。倘若没有来自自然的这些体验，很多人(我是其中之一)在表白自己的信仰时，就没有任何言语藉以表达。自然不曾告诉我存在一位荣耀、具有无限权威的上帝，我只能通过其他方式得知这点。但是，自然让我认识到什么是**荣耀**。除了自然之外，我不知道自己还能通过什么其他途径明白这个词的含义。倘若未曾见过万丈深渊和嶙峋峭壁，我就不知道何谓“敬畏”上帝，以为“敬畏”上帝不过是稍稍谨慎以保安全而已；倘若自然不曾唤醒我内心的某些渴望，依我所见，我现在所谓的对上帝的“爱”很大一部分绝不会存在。

当然，基督徒可以这样借助自然远远不能证明基督教是真理。我想，那些为“邪恶的神灵”所左右的人，同样可以借助自然来证明自己的信条。这正是我所强调的：自然并不施教。有时候，真哲学也许可以证明对自然的体验的正确，但是，对自然的体验绝不能证明一种哲学是真哲学。自然无法证明（或者说，不以我们正在谈论的这种方式证明）一个神学或形而上学命题的正确，她可以帮助我们理解该命题。

从基督教的角度看，这并非偶然。受造物的荣耀原本就向我们暗示了造物主的荣耀，因为前者来自后者，并且以某种方式反映后者。

“以某种方式”，但也许不是以我们首先想到的那种简单、直接的方式。因为，对方——自然爱好者——强调的当然也都是事实：森林里有报春花，肚子里也长虫子。如果你试图调和二者，或试图表明二者其实不需要调和，你就从对自然的直接体验——我们眼下的话题——转向了形而上学、神义论等方面。这样做也许有道理，但是我认为，应该将它与对自然的热爱区别开来。在谈论对自然的直接体验，声明讨论的仍是自然向我们直接传达的信息时，我们不应该转换话题。我们已经看到了一个荣耀的化身。千万不要试图发现一条捷径穿越它、超出它，达到对上帝更多的认识。这条捷径几乎立即会消失，自然的恐怖和神秘、上帝智慧的高深、宇宙历史的错综复杂将它阻塞了，我们无法从那个方向穿越。我们必须绕道，离开山野树林，回到书房、教会、圣经，回到屈膝祷告上。否则，对自然的热爱就开始转变为自然宗教，自然宗教即使不将我们引向邪恶的神灵，也会引我们去听信一大堆无稽之谈。

但是，我们没有必要将对自然的热爱——如我所建议的适可而止的爱——拱手交给“拆穿家”，任由他们去批驳。自然无法满足她激发的渴望，既无法解答神学问题，也不能使我们成圣。真正通往上帝的旅途需要我们不时地离开自然，从曙光初现的田野进入狭小简陋的教堂，也许还需要我们在贫民聚集的教区工作。但是，对自然的热爱始终是一个重要的(对有些人而言，是一个不可或缺的)入门。

我不必说“始终”，因为事实上，唯有那些将对自然的热爱仅视为入门的人，似乎才能够保持这种爱。这本在预料之中。这种爱一旦被标榜为宗教，就开始变成上帝，因而沦为魔鬼。魔鬼从不守信，对那些竭力为爱自然而活的人，自然在他们身上“殒逝”。柯勒律治①最终对自然麻木不仁，

① 柯勒律治(Samuel Taylor Coleridge，1772—1834)，英国浪漫主义诗人、文学批评家。

华兹华斯以哀叹自然荣耀的消逝而告终。清晨在花园里专心祷告，不去注意露珠花鸟，离开时，你的心灵会充满着花园的清新与欢乐；但是，若是为了心灵的满足去花园，一段时间以后，十有八九你会一无所得。

下面我要谈谈对国家的爱。在这点上，对鲁日蒙的那句名言我们无须赘述，这种爱一旦变成上帝，亦即沦为魔鬼，已经是众所周知。有些人甚至开始认为，这种爱向来就是魔鬼。但是这样一来，他们就必须将人类一半的伟大诗篇和一半的英雄行为否定掉，甚至连基督为耶路撒冷的哀哭也不能保留，因为他也表现了对自己国家的爱。

我们来限定一下范围，在此我们无须讨论国际道义。爱国之情一旦走火入魔，必然会产生邪恶的行为，但是，熟谙国际道义的人可能会说，国家之间的一切行为均无道义可言。我们只讨论爱国情感本身，希望能够将健康的爱国情感与有害的爱国情感区别开来。无论健康还是有害，爱国情感都不足以导致一个国家采取行动，因为严格地说，在国家事务中采取行动的是统治者，而不是国家。国民（他们是我写作的唯一对象）有害的爱国情感会为统治者作恶提供便利，健康的爱国情感则可能起到阻挡作用。统治者心术不正时，可能会通过舆论宣传煽动我们情感中有害的一面，以便在作恶时能得到我们默许；统治者心地正直时，则可能会鼓励我们的情感中健康的一面。作为个人，我们应该对自己的爱国情感健康与否保持警醒，其中一个原因就在这里，这也是我要谈论的内容。

对爱国主义的表达，最为有力的当推吉卜林[1]和切斯特顿。[2] 爱国主义的矛盾性也由此可见一斑。爱国主义若只有一种含义，这两位截然不同的作家就不可能同时都对它予以赞扬。实际上，爱国主义含有很多成分，可以有多种不同的组合。

首先有对家、对我们成长的地方、对曾经是我们的家乡（这个家乡可能有多处）的爱，既而有对其邻近地区、类似地区的爱，对过去的相识、熟悉的景物、声音和气息的爱。注意，对我们来说，这最多是爱英格兰、威尔士、苏格兰或北爱尔兰，只有外国人和政治家才会说“英国”。吉卜林说“我不爱我的帝国的敌人。”真是虚伪可笑！谁会说**我的**帝国？伴随着这种乡土之爱的，其实是对其生活方式的爱：爱啤酒、茶、篝火、带包厢的火车、不带武装的警察等等一切，爱当地的方言，爱自己的母语（稍次于爱方言）。正如切斯特顿所说，一个人不希望自己的国家被外国人统治，与不希望自己的房屋被烧毁原因相似，因为要数算他因此会失去的一切，

---

① 吉卜林（Rudyard Kipling，1865－1936），英国诗人、小说家。

② 切斯特顿（G. K. Chesterton，1874－1936），英国作家、文学批评家、护教学者。

"无法计量"。

对这种情感，我们很难找到合理的理由去谴责。正如家庭使我们超越了自我之爱，乡土之爱使我们超越了家庭之爱。当然，这不是纯粹的仁爱。它的爱邻人，是指爱本地的邻人，而不是基督所说的邻人。但是，一个人若连自己看到的同乡都不爱，对未曾看到的"人"[①]就更不大可能太爱了。所有自然的情爱（包括乡土之爱），都可能与灵性之爱为敌，但也可能是对灵性之爱的预备和模仿，（打个比喻说）是在训练灵性肌肉，也许将来上帝要将其派上更大的用场，正如女人小时候照料洋娃娃，长大了照料孩子一样。也许有一天，你需要弃绝这种爱，剜出你的右眼。[②] 但要这样做，你首先必须具备眼睛，没有眼睛、只有一个模糊的"感光"点的受造物很难理解这节严厉的经文的意义。

当然，这种爱国主义没有丝毫的侵略性，它只要求不受干扰，只在保护爱的对象时才会诉诸武力。任何人只要稍具想象力，这种爱国主义都会激发他对外国人的友好，因为，我若意识不到别人和我一样有权利爱他的家，我怎么可

---

① 英文原文中的"人"首字母大写，指耶稣基督。基督教宣称耶稣既是真正的上帝，也是真正的人。

② 参见圣经《马太福音》18:9——"倘若你一只眼叫你跌倒，就把它剜出来丢掉。你只有一只眼进入永生，强如有两只眼被丢在地狱的火里。"

能爱自己的家？一旦你意识到法国人喜欢吃咖啡甜点，就像我们喜欢吃咸肉炒蛋，那就祝福他们，让他们吃好了。我们最不愿意的是让处处变得和自己的家一模一样，家若和别处无异，就不成其为家。

爱国主义的第二种成分是一种特定的对待本国历史的态度。我指的历史是大众想象中的历史——祖辈们的丰功伟绩。记住马拉松；记住滑铁卢；“我们操着莎士比亚的语言，不自由，毋宁死。”这种历史，我们觉得既赋予了我们责任，又给予了我们信心：我们绝不能低于先人为我们立下的标准；既然是其子孙，不低于那个标准就大有希望。

这种情感的信誉不及纯粹的爱家，每个国家的真实历史都充满着卑劣、甚至可耻的行径。英雄故事若被视为历史的代表，会给人一种错觉，其自身也往往经不起严格的历史考证。因此，以辉煌的过去为基础的爱国主义，是“拆穿家”最佳的攻击对象。随着知识的增长，这种爱国主义要么突然崩溃，转化为幻想破灭后的愤世嫉俗，要么靠故意的无视史实来维持。然而，在许多关键时刻，众多的人显然因为它，表现得异常出色。对这种爱国主义，谁能予以谴责呢？

我认为，一个人从历史形象中获得激励，同时又不至被它欺骗、因之骄傲，是有可能的。历史形象的危险性，与人们误将它当作或以它代替严肃系统的历史研究的程度成正比。把故事就当作故事来传诵和接受是最好的。我的意思不是说，故事只能作为纯粹的虚构来传诵（毕竟，有些故事是真实的）。我的意思是，我们应该将重点放在故事本身，放在那些能够激发想象力的画面、能够坚固意志的榜样上。听故事的小学生应该能够隐约感觉到（虽然无法用言语表达），他是在听英雄传奇。让他为那些"打下帝国江山的英雄事迹"振奋吧（最好是在"课外"）。然而，英雄事迹不同于"历史课"，也不是对帝国政策的严格分析，更不是为帝国政策辩护，我们将其区分得越开越好。我小时候有一本书，里面画满了彩色插图，书名叫《我们岛国的故事》。我一直认为这本书的名字很恰当，看上去一点也不像教科书。在我看来，向年轻人一板一眼地灌输明知是虚假或偏颇的历史，是十分有害的。这些所谓的历史，不过是英雄传奇，经过粗劣的伪装后被拿来充当教科书上的史实。以这种方式培育的爱国主义情感，一旦持续下去，便会有害，但不会在受过教育的成年人心中维系长久。伴随这种灌输潜入的，还有一种心照不宣的观念，即认为其他国家没有与己媲美的英雄；甚至可能还有一种信念，相信自己可以名副其实地"继承"一种传统（这无疑是十足蹩脚的生物学理论）。这些都几乎不可避免地导致第三点，我们有时候也称之为爱国主义。

第三点不是一种情感，而是一种信念，一种坚定、甚至刻板的信念。持这种信念的人认为，自己的国家长期以来一直明显比其他国家优越，在今日仍然如此，这是一个客观事实。有一次，我很冒昧地问一位宣扬这种爱国主义的老牧师："可是先生，您不是说，**每个**民族都认为自己的男性最勇敢、自己的女性最美丽吗？"他十分庄严地回答说（我相信，即使在圣坛上诵读《使徒信经》，其庄严的神情也不过如此）："是的，但是就英国而言，这是事实。"毫无疑问，这种信念并没有将那位朋友变成恶棍（愿他的灵魂在上帝那里安息），只是将他变成一头极其可爱的老驴子、一个老顽固而已。但是，它却会培养出又踢又咬的驴子，发展到极端的地步，会逐渐演变成普遍的种族主义，而这是基督教和科学同样禁止的。

这就引出了爱国主义的第四种成分。如果我们的国家确实远比其他国家优越，那么，我们就可以认为，作为一个优越者，我们对其他国家享有权利或负有义务。十九世纪的英国人强烈地意识到这种义务——"白人的负担"，所谓的**土著民**是我们监护的对象，我们自封为他们的监护人。这不完全是伪善，我们确实给他们带来了一些好处。但是，我们每每将英国寻求建立帝国的动机（或将任何一个年轻人在印度民政部门谋职的动机），标榜为主要是为了他国的利益，这种习惯令全世界作呕。然而，这表现的还是优越感的最佳一面。一些同样具有优越感的国家强调的是权利，而不是义务。在他们看来，有些外国人是如此地低劣，乃至他们有权利予以灭绝；另有一些外国人只适合给自己——上帝的选民——劈柴、挑水，那么，最好让他们继续干这些粗活。"猪猡们，识相点！"在此，我决非暗示这两种态度属于同一层次。但是，二者都同样致命，同样要求自己的势力范围变得"越来越广"，同样具有这种明显的邪恶特征，即，唯有狰狞恐怖才能避免滑稽可笑。倘若没有与印第安人毁约，没有对塔斯马尼亚人[①]实施灭绝，没有毒气室，没有贝尔森集中营，[②]没有阿姆利则惨案，[③]没有种族隔离，二者的狂妄自大就会是令人捧腹的闹剧。

最后，我们看到，有害的爱国主义无意之中否定了自己。切斯特顿援引的吉卜林的两行诗是最好的例证。这对吉卜林颇不公平，对像他这样颠沛流离的人来说，懂得爱家的含义着实不易。但是，孤立起来看，这两行诗却是对有害的爱国主义的自我否定的一个总结。这两行诗是：

---

① 澳大利亚塔斯马尼亚岛原著民。

② 纳粹德国集中营，二战期间在此受难的人达 3.7 万之多。

③ 1919 年 4 月 13 日，英国军队在印度旁遮普省的阿姆利则屠杀大批印度群众。

英格兰若果真如她表面所示，

我们便速速弃之而去，可她不是！

爱从来不以这种口吻说话，这就如同只在孩子“乖巧”、妻子美貌、丈夫功成名就时爱他们一样。有一位希腊人说过，“人爱自己的城邦，不是因为它伟大，乃是因为它属于自己”。真正爱国的人在国家衰亡时仍然爱它——“英格兰，你纵有千般的过失，我仍爱你”。对他而言，国家“虽破，但仍是自己的”。因为爱国，他可能认为自己的国家强大而美好（实际并非如此），这种错误的认识在一定程度上可以原谅。吉卜林诗歌中的士兵却相反。他爱国，是因为他认为祖国强大而美好，即因她的优点而爱她。她像一个运转良好的企业，身在其中满足了他的自豪感。她若不复如此，情况会怎样？答案清楚明了：“我们便速速弃之而去。”船只下沉时，他会弃船而去。这种爱国主义出发时锣鼓震天、旌旗飘扬，实际却趋向变节和没落。我们在后面会再次看到这种现象。自然之爱一旦失去约束，就不仅会伤害其他的爱，自己也不再是原来的爱，甚至根本不是爱。

如此看来，爱国主义有多张面孔。那些全盘拒绝它的人似乎没有考虑到，剔除了爱国主义之后，什么定将取而代之（这个取代过程已经开始）。国家在很长一段时期内、也许永远都会面临危险，统治者必须以这种那种的方式鼓励民众保卫国家，或至少为此作准备。在爱国情感已经被摧毁的国家，每次统治者号召民众动用武力，都只能诉诸纯粹的道义。如果民众不愿意为“自己的国家”流血流汗，统治者一定要让他们感到自己是在为正义、文明或全人类流血流汗。这不是进步，而是倒退。爱国情感当然必须考虑道义。好士兵需要确信自己国家的事业是正义的事业，但是，他们作战不是因为正义的事业本身，而是因为这是自己国家的事业。我认为这个区别很重要。我可以认为，用武力对付盗贼、保护自己的家是正当的，这用不着虚伪，也用不着自以为义。但是，倘若我假称，自己打青他的眼睛纯粹是出于道义，与被盗的是自己的家全然无关，这就未免过于虚伪。同样，声称我们支持英格兰，只是因为英格兰的事业是正义的(像一些中立的堂吉诃德式的人物所说的那样)，也是虚伪的。荒谬的言论会导致罪恶：倘若我们国家的事业是上帝的事业，战争就一定是歼灭性的战争。于是，极其世俗的东西被赋予了虚假的超自然的色彩。

昔日的爱国主义的伟大之处在于，一方面，它固然能够激发人们为了国家不遗余力，另一方面，它仍然清楚自己不过是一种情感。战争不伪装成圣战，同样可以打得很英勇，英雄之死与殉道不相混淆。(令人高兴的是)在战场上如此庄严的情感，在和平时期也可以像所有轻松愉快的爱一样，不抬高自己，且能够自嘲。早期的爱国歌曲一唱起来就令人激动得热泪盈眶，近年的歌曲听起来则更像圣诗。我宁愿每天听（带有“拖-拉-拉”音的）“英国掷弹兵”，也不愿听“希望与荣耀之地”。

请注意，我一直在描述的这种爱及其所有的成分，其对象不限于国家，也可能是学校、军团、家族、班级。我以上所作的分析对它们都同样适用。这种爱的对象还可能是教会、教会中的某一派、修会等团体，它们要求成员付出超自然的情感。这个可怕的话题需要一本书来单独论述，在此说一点就够了。那就是，属天的团体也是属世的团体，我们对后者的（纯自然的）爱，很容易借用前者超自然的要求，来为自己最卑下的行为辩护。倘若真有人著书论述此话题，那一定是基督教界的彻底忏悔，忏悔在人类的凶残、狡诈中，教会应当独自承担的那份罪责。我们若不公开弃绝自己大部分的过去，就不会赢得“世俗界”的大量视听。他们为什么要听？我们高喊基督之名，干的却是摩洛[1]的勾当。

也许有人认为，我不应该只字不提人对动物的爱就结束本章。对动物的爱，放在下章讨论更为合适。不管动物

---

① 古代腓尼基人信奉的火神，以儿童为献祭品。

实际上是否低于人类，人似乎从来没有把它们当作低于人类之物来爱，总是考虑到它们的“人格”，不管这个人格是虚是实。所以，人对动物的爱其实是一种情爱，这是下章讨论的主题。

情　爱

我从最卑微、涉及面最广的爱谈起。对这种爱，人的感受与动物的感受差别似乎最小。但我要随即补充一句：我并不因此贬低这种爱的价值。人的一切属性不因与动物相同，价值会提高或降低。当我们骂一个人"简直就是禽兽"时，我们并不是说他表现了动物的属性（人人都表现出动物的属性），而是说他在应当表现出人特有的属性时，却表现了而且只表现了动物的属性。（当我们称他为畜生时，我们通常是指，他的野蛮行为连大多数真正的畜生都不可能做得出，因为它们不够聪明。）

希腊人称我要讲述的这种爱为 **storge**（两个音节，g 发硬音[g]），我在此简单地称之为情爱。我的希腊文词典对

storge 的解释是："爱，尤其是父母对子女的爱"，但同时也指子女对父母的爱。毫无疑问，父母与子女之间的爱是这个词的核心意思，也是这种爱的最初形式。这种爱在我们的脑海中通常呈现出这样一幅画面：母亲为婴儿哺乳；狗妈妈或猫妈妈身边围着一窝幼崽，这些小狗、小猫挤在一起，吱吱乱叫，呜呜低鸣，舔毛、呢喃、吮奶，温暖又舒适，散发着新生命的气息。

这幅画面的重要性在于，它一开始就向我们呈现了某种悖论。婴儿的需求和需求之爱是显而易见的，母亲的给予之爱也是如此，她分娩、哺乳、为婴儿提供保护。但是，从另一方面说，她必须分娩，否则就会死去；她必须哺乳，否则就会疼痛。从这个角度看，母爱也是一种需求之爱。这就是悖论所在：母爱是需求之爱，但她需求的是给予；母爱是给予之爱，但她需要被人需求。这点，我们将会在后面再次谈到。

即使在动物界，情爱也远远超出了母子的范围，人类更是如此。这种温馨的舒适和相聚的满足，包括了各种各样的对象，确实是一种最没有等差的爱。这个世界上有些女人，我们可以预料很少会有人追求，也有些男人，可能不会有多少朋友，因为他们自身毫无可取之处。然而，几乎人人——丑陋的、愚蠢的，甚至惹人动怒的——都可以成为情爱的对象，在情爱连接的二者之间，不需要有任何明显的般配。我见过一个低能儿不仅为父母所爱，也为兄弟所爱。情爱跨越了年龄、性别、阶级、教育的障碍。一个年轻聪明的大学生和一个年老的护士，他们的思想完全属于两个不同的世界，但是，彼此之间可以产生情爱。情爱甚至跨越了物种的障碍。我们看到，情爱不仅存在于人与狗之间，更令人惊讶的是，也存在于猫和狗之间。根据吉尔伯特·怀特[①]的发现，它还存在于一匹马和一只母鸡之间。

有些小说家充分利用了这点。在《项狄传》[②]中，“我的父亲”和托比叔叔就彼此的兴趣和观点而言，绝不可能走到一起，因为二者是如此地不同，说话不到十分钟便会相互误解。但是，从小说中，我们可以感受到他们之间浓厚的情爱。在堂吉诃德与桑丘、[③]匹克威克与山姆·韦勒、[④]狄克·斯威夫勒与侯爵夫人[⑤]之间，我们也感受到这种情爱。同样，在《杨柳风》[⑥]中，(作者可能并非有意要表达这点)四

---

① 吉尔伯特·怀特(Gilbert White, 1720—1793)，英国博物学家。

② 英国小说家、幽默作家劳伦斯·斯特恩(Laurence Sterne)的小说。

③ 塞万提斯的小说《堂吉诃德》的主人公与他的侍从。

④ 狄更斯的小说《匹克威克外传》中的人物。

⑤ 狄更斯的小说《老古玩店》中的人物。

⑥ 英国儿童文学名著，作者是肯尼斯·格雷厄姆。

个搭档——鼹鼠、水鼠、蟾蜍和獾——让人看到，情爱连结的各方之间本质上可能存在着惊人的差异。

尽管如此，情爱也有自己的标准，即，其对象必须是自己所熟悉的。有时候我们能够具体指出在哪一天、哪个时刻，自己坠入了情网，或开始了一段新的友谊。但是，我怀疑我们能否具体指出情爱自何时开始。意识到情爱也即意识到它已经开始了一段时日，用“老”字来形容情爱，可谓意味深长。狗对从未伤害过它的陌生人吠叫，却冲着熟人摇尾，即便他从未给过它任何好处。孩子会爱几乎从不注意他的粗鲁的老园丁，对竭力想赢得他好感的来客却退避三舍。但是，那个园丁一定得是“总是”在那里的**老**园丁，那个“总是”其实时间并不长，但在孩子的心目中却是无法追忆的久远。

如前所说，情爱是最卑微的爱，从不张扬。人们可能以爱情、友谊而骄傲，情爱却很谦虚，甚至躲躲闪闪、满面羞涩。有一次，我谈到我们常常在猫和狗之间发现情爱，我的朋友说：“没错，但是我敢说，没有哪一只狗愿意在自己的同类面前承认这点。”对很多人际间情爱，这至少可以算得上是一幅很好的漫画。科莫斯[①]说：“相貌平平的人就呆在家

---

① 希腊、罗马神话中的司酒宴之神。

里好了。”情爱的相貌极其平平，其对象很多长相普通。爱他们不能证明我们独具慧眼、高雅脱俗，他们对我们的爱也是如此。我前面谈到的欣赏之爱不是情爱的基本要素。对那些只凭情爱将我们维系的人，我们通常要在他们离开或去世后，才会称赞他们。我们对他们习以为常。这种习以为常在爱情中无疑是犯了大忌，在情爱中却恰当适宜，符合这种感情舒适、恬静的本性。情爱若被频繁、大肆地张扬出来，便不再是情爱。公开表露情爱犹如迁居时搬出家具，那些家具摆在屋子里很雅致，在阳光之下却显得破旧、俗丽、怪异。情爱几乎从不公开表现自己，而是渗透在生活里。与情爱相连的，是朴素的晨衣、私人物品、软拖鞋、旧衣服、老笑话、厨房里用尾巴拍击地板的困睡的老狗、嗡嗡作响的缝纫机、遗落在草地上的木偶等等。

在此，我需要对自己所讲的立即予以更正。我现在谈论的情爱，独立于其他的爱。情爱常常独立存在，也常常与其他的爱并存，正如杜松子酒本身是一种酒，但也是多种混调酒的主要成分一样。情爱除独立作为一种爱之外，还可以渗入其他的爱，将它们彻底染上自己的色彩，成为它们日复一日发挥作用的媒介。没有它，其他的爱也许持续不了多久。结交朋友不等于产生情爱，但是，朋友一旦成为故交，他身上先前与友谊无关的一切就变得熟悉起来，因为熟悉，又变得珍贵。至于爱情，倘若经过一段时间之后，仍未披上情爱这件家织的衣衫，我认为是极不可取的。这种状况令人极其不安。它要么太纯洁，要么太兽性，要么纯洁和兽性相互交替，对人类而言，既不够伟大，也不够渺小。无论是友谊还是爱情，当欣赏之爱歇息，可以说，蜷身而睡时，唯有情爱的自在和平凡环绕着我们（彼此如独处般自由，却又不觉孤独），这样的时刻确实具有一种独特的魅力。无须交谈，无须做爱，也许除了拨拨炉火，没有任何其他需要。

过去，在大多数场合，情爱、友爱和爱情都同样通过亲吻来表达，由此，我们也可以清楚地看出它们之间的混合交织。在今天的英国，人们不再用亲吻表达友爱，但仍然用它表达情爱和爱情。人们在表达这两种爱时，都充分利用它，以致现在我们已经无法断定究竟谁借鉴了谁，抑或是否存在借鉴的问题。当然，你可以说情爱之吻不同于爱情之吻。没错，但爱人之间的接吻并非都是爱情之吻。此外，这两种爱往往都使用“儿语”（这令很多现代人尴尬）。使用儿语并非人类独有的现象，洛伦茨教授[①]告诉我们，寒鸦求偶时，叫声“主要由幼年期使用的音素组成。成年寒鸦保留这些

---

① 科恩拉德·洛伦茨（Konrad Lorenz，1903－1989），奥地利动物学家，现代行为学的奠基人。

音素，专为求偶之用。”（《所罗门王的戒指》，158 页。）人类的这种做法与寒鸦相同。幼年和成年时感受的温情虽不属一类，但同是温情，我们拾起生命中最初感受到温情时使用的语言，用它来表达新的温情。

情爱有一个最不同寻常的副产品，这点我尚未提及。我说过，情爱最主要的不是欣赏之爱，情爱没有等差区别，最没有希望的人也“不难”成为情爱的对象。奇怪的是，正是这点意味着它最终可能萌生欣赏，倘若没有情爱，欣赏便不可能产生。**我们可能会说**，自己选择这些朋友、爱上这个女人，是因为他们具备了种种优点——漂亮、坦诚、善良、聪明、机智等等。**这样说并不太**错。但那一定是我们喜欢的那种漂亮、善良、机智，这里面有我们个人的喜好。正因为如此，朋友、情侣们才觉得自己是“为彼此而造”。情爱所特有的伟大之处在于，它能将那些极不般配、甚至相形见绌的人连结到一起。这些人，倘若命运没有将他们安置在同一个家庭或社区，决不会彼此发生联系。情爱若因此产生（当然也常常不产生），他们的眼睛便开始张开。刚开始，“老某某”可能只是碰巧在那里，渐渐地我开始喜欢上他，不久，就开始发现“这个人有点名堂”。当一个人首次真心地说，“他虽然和我‘不属一类’，但他是个非常好的人，有‘他独特的’好的一面”时，那一刻，对说话者而言是一种解放。我们可能感觉不到解放，可能觉得这不过是对他的宽容和纵容，但实际上，我们已经跨越了一个界限。当我们说“他独特的”时候，我们就超越了个人的喜好，学会了欣赏善或智慧本身，而不仅仅是欣赏经过调制、适合我们口味的善或智慧。

有人说：“应该让猫和狗一直在一起长大，这样会使它们心胸开阔。”情爱也使我们心胸开阔。在一切自然之爱中，它最包容、最广博、最不苛求。从这个角度说，不管你在外界为自己结交的朋友是如何之众，命运让你在家庭、大学、食堂、船上、教堂里与之共处的人，范围都要比朋友圈子更广。朋友众多，不能证明我对人类的优点欣赏广泛。倘若如此，你还可以说，喜欢自己书房里的所有书籍证明了我文学兴趣广泛。针对这两种情况，我们同样可以说：“这些书籍、朋友都是你选择的，当然适合你。”阅读兴趣的真正广泛体现在，一个人能够在任何一家旧书店外的廉价书摊上找到自己需要的书籍。与此类似，对人真正广泛的欣赏体现在，能够在自己每天必遇到的形形色色的人身上发现可欣赏之处。根据我的经验，是情爱产生了这种对人的广泛欣赏。它教我们对那些“碰巧在那里的人”首先注意，随后容忍，进而报以微笑，然后喜欢，最后欣赏。他们是为我们而造？感谢上帝，不是这样。他们就是他们自己，其独特性令人难以置信，其价值远远超出了我们的估计。

现在，我们差不多快要谈到情爱的危险之处。我说过，情爱从不张扬；圣保罗说，爱（charity）不自夸，不张狂。[①]情爱能够爱那些没有魅力的对象；上帝和圣徒爱不可爱之人。情爱"没有过多的期望"，对过错视而不见，争吵后很快和好如初；同样，爱是恒久忍耐，又有恩慈，凡事包容。[②] 情爱开阔了我们的眼界，让我们看到在其他情况下不为我们注意或欣赏的善；谦卑的神圣也是如此。我们若只谈这些相似，最终可能会产生这种想法，即认为，情爱不仅是一种自然之爱，它就是在我们心中运行、成全律法的**大爱**本身。如此看来，维多利亚时代的小说家说的没错？拥有（这种）爱真的就已经足够？这种"家人之间的情爱"发展到最完美的状态，就等于基督徒的生命？对所有这些问题，我的回答是"不"。

我的意思不仅仅是指，那些小说家的作品有时候让人感到，仿佛他们没有听到过圣经中关于人的"仇敌"就是自己的妻子、母亲和自己的生命那段经文。[③] 那段经文说的当然都是事实，一切自然之爱都与对上帝的爱竞争，这是基督徒应该切记的。上帝是最大的竞争对手，是人嫉妒的终

---

① 参见圣经《哥林多前书》13:4。
② 参见圣经《哥林多前书》13:4,7。
③ 指圣经《马太福音》10:34—39。

极对象；上帝的美，就像戈耳戈[①]的美那样可怕，它会随时从我这里偷走（或者说，在我看来似乎是偷）我的妻子、丈夫、儿女的心。一些没有信仰的人对上帝的仇恨其实来源于此。这点，连那些将恨上帝归结为痛恨迷信或反教权主义的人，也没有认识到。但是，我现在考虑的不是这种竞争，我们会在后面的章节中讨论这个问题。眼下我们涉及更多的是属世的事。

所谓的“幸福家庭”有多少真正地存在？更糟糕的是，所有家庭的不幸都是因为缺乏情爱吗？我相信不是。不幸的家庭中可能存在情爱，是情爱导致了它的不幸。情爱的一切特性几乎都是双刃的，既可以促进幸福，也可以招致不幸。任其发展，情爱可能会令人生黯淡、堕落。对此，“拆穿家”和反感伤主义者虽没有道出全部的真相，但他们所说的一切都是事实。

流行艺术用过分甜蜜的歌曲、故作多情的诗歌来表达情爱，所有这些几乎都令人作呕，情爱令人生的黯淡、堕落也许由此可见一斑。这些歌曲、诗歌令人作呕，原因在于它们的欺骗性。情爱只是具备使人幸福（甚至使人达到善）的可能性，它们却将其说成是获得幸福（甚至达到善）的现成

---

① 希腊神话中的一个蛇发女妖，人一见其美貌即化为石头。

秘方。它们从不提示我们需要做什么，言下之意，只要任由情爱倾泻到我们身上，一切就都会如意。

我们已经看到，情爱包括需求之爱和给予之爱。我先谈它的需求之爱，即对获得他人情爱的渴望。

在一切对爱的渴望中，这种渴望最容易变得不近情理，其中一个理由是显而易见的。我说过，几乎人人都可能成为情爱的对象。没错。不但如此，几乎人人都期望自己成为情爱的对象。在《众生之路》[①]中，脾气暴躁的庞蒂费克斯先生发现儿子不爱自己时勃然大怒，因为儿子不爱自己的父亲是“有悖天性”。他从未想到要问问自己，自儿子记事之日起，他是否做过一件事、说过一句话，能够激发儿子的爱。同样，在《李尔王》[②]一书的开始，我们就发现主人公是一个极其讨厌的老头，心中充满了对情爱贪婪的渴望。我不得不引用文学作品的例子，是因为你——读者——与我生活在不同的地区。你我若是街坊，我们可以信手从现实生活中取例(这是一种不幸)，这种现象随处可见，其中的究竟不难明白。人人都知道，对爱情或友谊，我们需要付出行动，这个行动即使不足以为我们赢得爱情或友谊，至少可

---

① 英国小说家、批评家塞缪尔·巴特勒(Samuel Butler)的自传体讽刺小说，下文中的庞蒂费克斯先生是其中的一个人物。

② 莎士比亚的悲剧之一。

以吸引它。但是,情爱通常被认为发自天性,与生俱来,是天性中固有的,无代价提供的。我们有权期望获得它,别人若不给予,就是“有悖天性”。

这无疑是对真理的歪曲。有很多东西是“与生俱来的”。人是哺乳动物,本能为我们提供了至少一定程度(往往是相当高的程度)的母爱。人又是社会性的动物,长期的交往为人类提供了一种环境,在这种环境中,如果一切顺利,情爱就会萌发并且加深,其对象无需具备任何特别闪光的品质。若有人给予我们情爱,那未必是因为我们有什么优点,我们可能不费吹灰之力就可以得到它。从对这个真理——很多人得到情爱,远远超出了他们的美德——的错误认识中,庞蒂费克斯先生得出这样荒谬的结论:“我没有美德,所以,有权得到情爱。”上升到一个更高的层面,这就如同这样推理:因为无人靠德行有权获得上帝的恩典,我没有德行,因此,我有权获得上帝的恩典。无论在情爱上还是恩典上,都不存在权利的问题。我们拥有的不是“期望的权利”,而是“合理的期望”。如果我们和自己熟悉的人基本上属于正常人,我们就可以期望自己能够为他们所爱。但是,我们可能不属于正常人,可能令人无法忍受。果真如此,“天性”就会与我们作对,因为,熟悉既然可以产生情爱,也就可以同样自然地产生一种无名的、无法根除的恨恶。与相应的情爱一样，这种恨恶也是无法追忆的久远，始终存在，不引人注目，有时几乎无法察觉。在歌剧《尼伯龙根的指环》中，齐格菲[①]不知从什么时候起开始讨厌起他的矮个子养父，他的举手投足、小声咕哝、烦躁不安无不令他厌恶。和情爱一样，我们也从不知道这种恨意何时滋生，它早已就存在那里。注意，那个**老**字既可以用来表示亲密，也可以用来表示腻烦的厌恶。如，我们说，“又在玩他那套老把戏”，“用他那老一套”，“同样的老玩意”等等。

说李尔王缺乏情爱是没有道理的。就情爱是需求之爱而言，他几乎为之疯狂，他若不爱女儿（当然，以他特定的方式去爱），就绝不会如此贪婪地渴望得到她们的爱。最不可爱的父母（或孩子），心中也可能充斥着这种贪婪的爱，但它最终只会给本人和其他家庭成员带来痛苦，家庭环境会变得令人窒息。有些人，倘若他们已经不再可爱，但是作为合法权利，仍然要求自己被爱——通过明显流露出受伤害的情感，通过大声的责备，或暗含在每个怨愤自怜的眼神和动作中的无声责备，我们就会对自身的过错感到内疚（这正是他们的目的所在），而这些过错是我们过去无法避免、将来

---

① 德国戏剧作家、理论家瓦格纳（Richard Wagner）的歌剧《尼伯龙根的指环》中的人物。

也无法停止再犯的。他们堵塞了自己渴望饮水的泉源。倘若我们一时动了恻隐之心，心中泛起一丝情爱的涟漪，他们就会得寸进尺，把我们吓得不知所措。当然，这类人总是渴望得到同一种证据，证明我们爱他们：我们应该和他们站在一边，倾听并且赞同他们对他人的抱怨。儿子若果真爱我，就应该看到他的父亲多么自私……哥哥若爱我，就应该和我联手反对妹妹……你若爱我，就不应该让我受到这样的对待……

自始至终，他们都没有意识到正途何在。奥维德[①]说："若想被人爱，自己要可爱。"这位快乐的老浪子的意思只是："要想迷住女孩子，自己必须有魅力。"但是，他的座右铭却可以应用到更广泛的领域。在他那个时代，他比庞蒂费克斯先生和李尔王要聪明。

不可爱之人贪得无厌的要求有时候会落空，这不足为奇。真正令人奇怪的是，这些要求常常得到满足。有时候我们看到一个女孩子，她的少女时代、青年时代、漫长的成年时代、直至接近老年，都花在照料、服从、安抚、也许还要供养一个吸血鬼似的母亲身上，对这位母亲而言，她的服

---

① 奥维德(Publius Ovidius Naso，公元前 43—公元后 17 年)，罗马诗人，以《爱的艺术》和《变形记》闻名于世。

从、安抚永远都不足够。女孩子的牺牲(对她的做法,看法有两种)也许很美丽,强求这种牺牲的老妇人却毫无美丽可言。

情爱这种“与生俱来”,或者说,不靠博得的特性,就是这样引起可怕的误解。它的随意和不拘礼节也是如此。

我们听到很多有关如今的年轻人粗鲁无礼的抱怨。我已经上了年纪,大家也许期望我站在老年人一边,其实在我看来,较之子女对父母的无礼,父母对子女的无礼更甚。大家都曾遇到过这样尴尬的时刻:去参加一个家宴,席间,男女主人粗鲁地对待自己已经成年的孩子。这种粗鲁换在任何其他的年轻人身上,绝对会导致交往终结。父母们常常问,“为什么他们总呆在外面?”“为什么他们更喜欢别人的家?”答案其实明摆着:他们武断地评判孩子们明白而自己不明白的事;粗暴地打断孩子的谈话;直截了当地反驳孩子;嘲笑孩子看重的事情(有时候是他们的宗教信仰);用侮辱性的言语谈论孩子的朋友。想一想,谁不喜欢礼貌?谁更喜欢粗鲁?

对这种无法容忍之人(当然,他们不全是父母),你若问其中任何一位,为何在家里会有这种举止,他们会回答说:“得了吧,回家就是为了放松,人不能总是彬彬有礼吧?要是在家里都不能做真实的自我,在哪里还能呢?在家里当然没必要表现得和在公司一样。我们是个幸福的家庭，大家'畅所欲言'，彼此理解，谁都不会介意的。”

在此我们再次看到，一件事如此地接近真理，却又是如此致命地错误。情爱是像旧衣服，随意自在，无须设防；但是，如果与陌生人相处，也表现得这样随意，就显得你没有教养。穿旧衣服是一回事，穿一件衬衫直至发臭是另一回事。参加招待会有适合招待会的服装，家居有家居服装，家居服装也须得体，只是得体的方式不同而已。同样，公共礼节和家庭礼节也有区别，但二者的根本原则相同，即“任何人不得唯我独尊。”对这个原则的遵守，愈是公共场合，就愈固定，或者说，愈正式化（有关礼貌行为，是有一套“规定”的）；愈是亲密的场合，就愈非正式化，但对礼节的要求并不因此减少。相反，情爱在最佳状态下表现出来的礼节，其细腻、敏感、深沉是公共礼节无法媲美的。在公共场合，有仪式所代表的礼节之名即可，在家里却需要有仪式所代表的礼节之实，否则，极度自我中心的人就会高奏起自私的凯歌。在家里，你必须真正做到不唯我独尊，在招待会上，掩饰一下即可。所以，我们才有这样一句古话：欲知其人，与其同住。一个人在家的举止，最先揭示了他的“公司”、“宴会”举止（一个极其讨厌的术语）的真实程度，那些从舞会、酒会上回来便将礼节抛诸脑后的人，在舞会、酒会上也不可能有真正的礼节。他们的礼节只是一种模仿。

“大家‘畅所欲言’”，这句话背后蕴藏的真正含义是：最真挚的情爱可以随心所欲地说出它希望说的话，无须顾忌制约公共礼节的那些规定。因为，最真挚的情爱既不希望伤害或羞辱对象，也不希望盛气凌人地对待他。当心爱的妻子无意间把自己的还有你的鸡尾酒一同喝掉时，你可以称她为“猪”；当父亲又在重复老掉牙的故事时，你可以大声吼叫着打断他，嘲笑他，戏弄他，对他说，“住嘴！我要看书。”你可以在恰当的时间以恰当的语调说任何话，只要在这个时间、以这种语调，你无意伤人，也不会伤人。情爱愈深，对这种时间和语调的把握就愈准确（每种爱都有自己的**爱的艺术**）。但是，如果一个人在家里一向粗鲁无礼，他要求“畅所欲言”时，意思却大不相同。在他自己的情爱很不健全，甚至在没有任何情爱时，他僭取了只有健全的情爱才有权运用，或者说，知道如何运用的那些美好的自由。然后，出于怨恨或自我中心主义，恶意、无情地践踏这些自由；最理想的情况也不过是因为缺乏技巧，愚蠢地滥用这些自由。自始至终，他都可能问心无愧。他知道情爱允许自由，而他正是在利用自由，因此（他得出结论），自己是在表现情爱。因为怨恨一切，他会说是你那方的情爱出了问题，说他受到了伤害，遭到了误解。

于是，他有时候就变得趾高气扬、格外“彬彬有礼”，以此施行报复。其中的含义当然是：“噢，这么说，咱们之间不该是一种亲密的关系，只该像熟人那样啦？我原希望——不过没关系，您请便吧。”这个例子清楚地说明了亲密的关系与正式的关系在礼节上的不同。适合前者的可能恰恰违背了后者，反之亦然。在被介绍给一个地位显赫的陌生人时，你若表现得随意自在，是极不礼貌的。在家里，如果你运用正式场合以及仪式上的礼节（“私人场合的公共面孔”），也是极不礼貌，并且是有意表现得极不礼貌的。《项狄传》中有一个很好的例子，它让我们看到了何谓真正的居家礼节。在一个极不恰当的时刻，托比叔叔滔滔不绝地讲起了他最喜欢的话题——构筑防御工事。唯有这一次，“我父亲”被逼得忍无可忍，粗暴地打断了他的话。随即他注意到弟弟的面孔，从那张面孔上，他看不出丝毫反击的神情，只有深深的被伤害——不是因为对他个人的轻视（他绝不会这样想），而是因为对构筑防御工事这门高贵艺术的轻视。“我父亲”立即感到后悔，随后道歉，两人和好如初。为了表明他宽恕“我父亲”的彻底，表明他不维持自己的尊严，托比叔叔又继续大谈起防御工事。

到目前为止，我们尚未涉及嫉妒。我想，现在没有人会认为嫉妒只限于爱情。倘若有人这样认为，看看孩子、雇员、家养动物的行为，他就会立刻醒悟过来。每种爱，几乎每种关系中，都可能存在嫉妒。情爱中的嫉妒与它对老的、熟悉的东西的依赖紧密联系在一起，也与情爱完全或相对不看重欣赏之爱紧密联系在一起。我们不希望那张“熟悉的老面孔”变得更有精神或更美丽，不希望老办法有所改变（哪怕是改进），不希望老玩笑、老兴趣被新奇刺激的事物代替。变化对于情爱是一种威胁。

哥哥和妹妹或兄弟俩（在这点上，性别不构成差异）长到一定的年龄，一切都是共同的——读同样的连环画，爬同样的树，一起扮演海盗或太空人，同时爱上集邮，又同时放弃。随后，可怕的事情发生了。其中一位突然跑到了前面：发现了诗歌、科学或古典音乐的魅力，或者皈依了宗教，生活为这种新的兴趣所充满。另外一个孩子由于无法拥有和他同样的兴趣，被甩在后面。我想，即使是配偶的不忠，有时恐怕也不会激起如此强烈的嫉妒或如此痛苦的遗弃感。此时，嫉妒的对象还不是弃旧者不久将要结交的新朋友。这种嫉妒会到来。但一开始遭嫉妒的，是那个东西本身——那门科学、那种音乐、上帝（这时候总是被称为“宗教信仰”，或“那一套宗教信仰”）。这种嫉妒可能以嘲弄的方式表现出来：这种新兴趣“十足地愚蠢荒谬”，幼稚得可笑（或老成得可笑）；你根本不是对它真感兴趣，只是想借此炫耀一下，出出风头；这整个是装模作样，等等。不久，那些书籍会被藏起来，科学标本被毁坏，收音机被强行从古典音乐节目中调开。因为情爱是最本能的爱，在这个意义上说，也是最具动物性的爱，所以，与之相称，其嫉妒心也十分强烈。它就像一只狗在被夺去食物时那样，会咆哮、龇牙咧嘴。它怎能不愤怒呢？我提到的那个孩子，某个人或某个东西抢走了他终身的食粮——他的第二自我，他的世界坍塌了。

然而，作出这种反应的不只是孩子。在文明国家和平时期的日常生活中，如果一个全不信教的家庭中出现了一位基督徒，或是一个没文化的家庭中有人表现出成为知识分子的迹象，整个家庭都会与之为敌，其仇恨之深几乎无与伦比。这不单纯是(像我以前所认为的)黑暗对光明的那种固有的，客观的仇恨。一个基督教的家庭中若有人成为无神论者，情况未必比这乐观。这种仇恨是对遭遗弃、甚至遭抢劫的反应。某个人或某个东西偷走了“我们的”儿子(或女儿)，他原来是**我们**当中的一员，现在成了**他们**一伙的了。谁有权利这样做？他是**我们的**。变化既然发生，谁知道结局会如何？(以前大家在一起时，是那样地快乐、舒适，谁也不伤害谁！)

有时候，痛苦的那方会感到一种奇怪的双重嫉妒，确切地说，有两种相互矛盾的嫉妒在他脑海中相互追逐。一方面，他在想："这一切全是荒谬的，纯粹是自命清高的无稽之谈，完全是伪善的欺骗。"另一方面，又在想："万一——这不可能，绝对不可能！但是，万一——其中有点道理呢？"万一文学或基督教中真有点什么呢？假如他真的进入了一个大家以前都以为不可能存在的新世界，那该怎么办呢？果真如此，多不公平！为什么非得是他？这个新世界为什么从未向我们开启？"一个黄毛丫头，一个目中无人的臭小子，这些奥秘难道会向他们揭示，而对长辈们隐藏？"显然，这种想法令人难以置信、无法容忍。于是，嫉妒重新兜回到"全是荒谬的"这种假设上去了。

遇到这种情况，父母的处境要比兄弟姐妹好得多。因为子女不了解他们的过去，所以，不管这位弃旧者的新世界是什么，他们总可以宣称，自己也曾有过同样的经历，后来彻底醒悟，从中走了出来。他们会说："这是一个必经阶段，很快就会过去的。"没有什么比这种说法更令人满意的了。因为这句话说的是未来，所以眼下不可能遭到驳斥。话虽刺耳，但因为用的是如此娇惯的口吻，所以也很难让人怨恨。更妙的是，长辈们可能真的这样认为。最妙的是，这句话也许最终成为现实，即便没有成为现实，那也不是长辈们的错。

"孩子，孩子，你这些放荡的行径会令妈妈心碎。"这种典型的维多利亚时代的恳求，在过去也许多半是正确的。以前，当一名家庭成员没有达到整个家庭的伦理标准，去做坏事——赌博、酗酒、嫖妓时，情爱会受到深深的伤害。不幸的是，今天，超出了家庭的伦理标准几乎同样可能令妈妈心碎。情爱这种保守的固执，会在家庭和国家两个相反的方向起作用。在国家的层面上，我们有一种自戕式的教育，即，不允许好学生进入高级班级，因为这样做不民主，可能会伤害懒惰、愚笨的学生的自尊心。情爱对弃旧者的羁绊，也可能成为一种家庭的自戕。

情爱的这些扭曲主要与它作为需求之爱有关。然而，作为给予之爱，情爱同样可能产生扭曲。

我想到几个月前去世的菲吉特太太①。看到她的家人在她去世后精神大振，确实令人吃惊。她的丈夫不再拉长着脸，开始会笑。我原来一直以为她的小儿子是个乖戾、满腹怨恨的小家伙，现在发现他竟然很有人情味。她的大儿子以前除了睡觉，几乎从不回家，现在差不多总呆在家里，而且开始重新布置花园。她的女儿一向被视为“体弱多病”（我从来没弄清楚她的病由何在），现在却开始学习骑马（这在以前是绝不可能的）、通宵跳舞、尽情地打网球。就连那

① 英文原文是 Mrs. Fidget，fidget 的意思是“烦躁；坐立不安”。

只狗,以前没有人领着从来不许出门,如今也成了他们那条路上最为人熟悉的身影。

菲吉特太太常常说自己为家人而活。这话不假,街坊人人都知道,都称赞说:“她一切都为家庭,真是位贤妻良母!”她包揽了家里所有的洗衣活。说实话,洗得并不干净。其实,他们有钱把衣服送到洗衣店,也常常哀求她不要自己洗,但她坚持这样做。每天,在家的人都能吃到热气腾腾的午饭,夜里(即便是仲夏时节)也总有热饭热菜等着他们。他们哀求她不要为他们准备,几乎含泪(真心地)抗议,说自己喜欢吃凉的饭菜,但是毫无用处。她一辈子都为家人而活。如果你深夜未归,她就一直坐在那里,“欢迎”你回来。哪怕凌晨两、三点钟,也照等不误。你总能看到那张虚弱、苍白、疲乏的面孔在那里等你,像是在无声地控诉。这当然意味着你没有脸面经常外出。她还不停地做手工,自认为是一名出色的业余裁缝和编织手(对此我没有资格论断)。当然,除非你没有良心,否则就不能不穿这些衣服。(教区的牧师告诉我,自从她去世后,仅他们一家拿到“针线活拍卖会”上的东西,就超出了教区所有家庭的总和。)还有她对家人健康的关心!她独自扛下了女儿“体弱多病”的重担,从不允许医生与病人谈论病情(医生是他们的老朋友,女儿的看病纯属额外保健)。在医生对她做过短得不能再短的检查之后，菲吉特太太就将他领到另外一个房间。女儿不应该有任何的焦虑，不应该为自己的健康负责，只应该享受体贴的照顾、爱抚、特殊的饮食，喝苦味的滋补药酒，在床上用早餐。因为菲吉特太太，正如她常常所说，愿意为家人“鞠躬尽瘁”。家人无法阻止她，他们都是爱脸面的人，看着她如此辛劳，也不能袖手旁观，只得帮忙。其实，他们总得帮忙，也就是说，他们帮助她为他们服务，而他们并不需要这些服务。至于那只亲爱的狗，她说过，她就“把它当作家里的一个孩子”。实际上，她已经竭尽全力让它和孩子一样，只是因为狗没有什么良心上的不安，所以活得要比孩子们快乐些。尽管菲吉特太太也给它看兽医、规定饮食、看管得让它差点儿丧命，那只狗还是偶尔能够设法溜到垃圾箱旁，或去亲近一下邻家的狗。

牧师说菲吉特太太现在安息了。但愿如此。不过有一点可以确信，那就是，她的家人现在安宁了。

显然，母爱的本能(可以说)天生就有产生这种局面的倾向。我们看到，这是一种给予之爱，但这种给予之爱需要给予，因此需要被人需要。给予的正确目的在于让接受者脱离需要的境地。我们抚养孩子，为的是他们不久能够自食其力；教导他们，为的是他们不久就无须我们的教导。因此，给予之爱肩负着重任，它必须朝着自己的引退努力。我们的目标必须是使自己成为多余。当我们能够说“他们不再需要我了”,那一刻便是对我们的奖赏。但是,母爱的本能仅凭自身无力做到这点。它希望所爱的对象幸福,但不只是幸福,而是唯有自己能够给予的幸福。在母爱的本能引退之前,必须有一种更高层次的爱介入,帮助或驯服这种本能。这种爱希望对象获得幸福,而不计较幸福来源于何处。当然,母爱的本能往往会引退。但是,一旦拒绝引退,那种需要被人需要的贪婪心理,就会要么让对象始终处于需要的境地,要么为其创造假想的需要,以满足自己。因为母爱自认为是给予之爱,因而是“无私的”(在某种意义上说,这没错),所以在这样做时,它会更加无情。

犯这种错误的不只是母亲。一切其他的情爱,不管是出于父母的本能,还是类似父母的本能,只要是需要被人需求,都可能陷入同样的火坑。监护人对被监护人的情爱即是一例。在简·奥斯汀[①]的小说中,爱玛希望哈里特·史密斯过上幸福的生活,但那种幸福的生活必须是爱玛为她安排好了的生活。从这个角度说,我从事的大学教师的职业是一份危险的职业。老师若是好老师,就应该不懈地努力,以便有朝一日将学生培养成自己的批评者和对手。当

① 简·奥斯汀(Jane Austin, 1775—1817),英国女作家。

那一刻到来时，我们应该感到高兴，就像击剑教练在学员能够刺中他、将他手中的剑击落时，感到高兴一样。很多老师都为此高兴。

然而，不是所有的老师都如此。我仍然记得库兹博士，他的情况很可悲。在所有大学里，找不出比他更敬业、教学更出色的老师。他将全部的心血都花在学生身上，差不多给每位学生都留下了不可磨灭的印象，在很多人的心目中，他是当之无愧的英雄。很自然地，在他不再担任他们的指导教师后，学生仍然乐意去拜访他，晚间绕道去他家坐坐，与他展开精彩的讨论。奇怪的是，这种状况从来没有持续下去，绝交的那个夜晚迟早会到来（可能不出几个月，甚至不出几个星期）。终有一天，他们敲门时会被告知教授另外有约。自那以后，他就总是有约，他们被永远拒之门外。这是因为，在最后一次见面时，学生"反叛"了，"宣告了自己的独立"——与他意见相左，并且用论据支持了自己的论点，可能还很成功。作为老师，库兹博士曾努力去培养这种独立，只要能力允许，也有义务培养这种独立。然而，真正面对这种独立时，他却无法接受。沃顿[①]曾经煞费苦心地培养自由的齐格菲，当自由的齐格菲出现在他面前时，他又怒

① 瓦格纳的歌剧《尼伯龙根的指环》中的角色，为天上诸神的领袖。

不可遏。库兹博士是个不幸的人。

这种可怕的、需要被人需要的心理，往往在溺爱动物身上得到发泄。知道一个人“喜欢动物”，不能说明什么问题，除非我们知道他以何种方式喜欢，因为喜欢的方式有两种。一方面，(打个比喻说)驯养的高等动物是连接我们与自然界中其他事物的“桥梁”。我们每个人偶尔都会为人类与非人类世界的隔绝感到痛苦：我们的理智导致了本能的退化，我们的自我意识过强，我们的情境错综复杂，我们不能生活在当下，等等。要是能摆脱这一切该多好！我们决不可以(顺便说一句，也不可能)变成动物。但是，我们可以和动物“共处”。动物具有一定的人性，人类可以名副其实地与之“共处”。尽管如此，动物在很大程度上仍然是无意识的，受生物本能控制，三条腿插足自然界，一条腿插足人类。动物是一条纽带、一名使者。正如鲍桑葵[①]所说：谁不希望“畜牧神的宫廷里有一位自己的代表”？人有动物与之共处，就不再与自然隔绝。当然，动物也常常被滥用。如果你需要被人需要，而家人又合情合理地拒绝对你的需要，宠物无疑就成为替代品。你可以让它一辈子都需要你——让它永远

① 鲍桑葵(Bernard Bosanquet，1848－1923)，英国新黑格尔主义的代表。

停留在幼年阶段，不能独立；让它永远病病怏怏；剥夺它一切属于动物的真正幸福，然后，作为补偿，培养它无数小小的嗜好，为它创造需要（这些需要只有你才能予以满足）。这样，这只不幸的动物就成了其他家庭成员的救星。它像化粪池或排水沟，你因为忙于毁掉一条狗的生活，而无暇毁掉他们的生活。从这个用途来说，狗比猫好。我听说猴子是最好的，而且猴了与人更相像。对动物来说，这无疑是极大的不幸。但动物可能无法充分意识到你对它的伤害，更令人宽慰的是，你永远不知道动物是否意识到你对它的伤害。最受欺压的人被逼至绝境，有一天可能还会掉转身来，脱口说出可怕的真相，动物却不会说话。

有人说："我把人看得越透，就越喜欢动物。"这些人对同伴的需要不能从人类中得到满足，便在动物身上找到慰藉，我建议他们仔细检查一下自己喜欢动物的真正原因。

我希望大家不要误解我的意思。缺乏"自然的情爱"绝对是一种人性的堕落，若有人读了本章后对此产生怀疑，我的写作就是一种失败。我也从不怀疑，在我们自然的生活中，大凡持久稳定的幸福百分之九十都来自情爱。因此，对读了以上几页、作如下评论的人，我部分地赞同。他们说："当然，当然，这些情况确实存在。自私的人、精神不健全的人什么都可能扭曲，包括扭曲爱，把它变成一种痛苦或剥削。但这毕竟是少数，为什么要强调这些？稍具常识，彼此稍微忍让一下，在有修养的人当中就可以杜绝这种现象。”但是我认为，这种评论本身也需要加以评论。

首先，关于**精神不健全**。我认为，将情爱这一切有害的状态都归结为精神疾病，并不能加深我们对这个问题的认识。毫无疑问，对某些特定的人来说，由于精神的疾病，要抵制诱惑、禁止情爱向这些状态发展，确实异常困难，甚至不可能。这些人，我们应该想方设法送他们去就医。但是我相信，任何一个人扪心自问，都会承认自己曾经受到过这些诱惑。出现这些诱惑不是疾病，或者说，若是疾病，它的名字就是“堕落的人”。对普通人而言，向这些诱惑屈服(谁能免于偶尔屈服?)不是病，而是罪。对此，灵性的指导比医学治疗更为有效。医学的目的是恢复身体“自然的”结构或功能。但是，贪婪、自私、自欺、自怜这种不自然、不正常，不同于散光、浮游肾这种不自然、不正常。我敢发誓，没有人会称毫不贪婪、毫不自私的人为自然、正常。你若愿意称之为“自然”，那是完全另外一种意义上的自然，是最高的自然，即未曾堕落。我们只见过一个这样的“人”，①他一点也不符合心理学家描绘的那种性格整全、不偏不激、适应环

① 英文原文中的“人”首字母大写，指耶稣基督。

境、婚姻幸福、事业有成、左右逢源的公民的形象。你不可能真正地“适应”周围的环境，如果这个环境中的人说你“被污鬼附着”，最终将你赤身裸体地钉死在十字架上。

其次，这个评论本身就认可了我一直极力想要表达的内容。即在，并且只有在具备常识、“修养”、彼此忍让的条件下，换句话说，只有在一种远远高于情爱、不同于情爱的事物介入的情况下，情爱才会带来幸福。单有情爱是不够的。你需要“常识”，即理性。你需要“彼此忍让”，即正义，以便在纯粹的情爱淡漠时不断地激发它，在它忘记或无视爱的**艺术**时约束它。你需要“修养”，毫无疑问，这指的是善。耐心、舍己、谦卑、远远高于情爱的爱的不断介入，本身都可能是善。这是整个的关键所在。如果我们极力想仅以情爱为生，情爱就会“在我们身上变质”。

我相信，很少有人意识到情爱会变质到何种地步。菲吉特太太对她给家人带来的无数的烦恼和痛苦，难道真的全然不知？这令人难以置信。她当然清楚，当你知道回家来会发现她毫无意义地“坐在那里守侯”、无声地谴责时，你整晚都不会开心。她一如既往地这样做，因为，倘不如此，她就会面对那个她决意不想看到的事实，自己不再被人需要。这是第一个动机。其次，她的辛劳本身也打消了她暗地对自己爱的性质的怀疑。脚越起泡，背越酸痛，她就越高兴，因为疼痛会在她耳旁低语："我既然能做到这一切，可见我是多么地爱他们！"这是第二个动机。但是，我认为还有一个更深层的动机。家人的毫不领情，哀求她把衣服送到洗衣店时的那些难听、伤心的话语（对于像菲吉特太太这样的人，什么都会令她"伤心"），都使她有权觉得自己受到了虐待，因而可以常常心怀不满，享受怨恨带来的种种乐趣。人人都体验过怨恨的乐趣，若有谁说自己不知道，那他不是在撒谎，便是圣人。诚然，这些乐趣只是对心怀仇恨的人而言，菲吉特太太那样的爱包含了很多仇恨的成分。奥维德在谈到爱情时说，"我既爱又恨。"其他的爱同样也会爱恨交织，携带着仇恨的种子。人生若以情爱为绝对的主宰，这些种子就会发芽生长。爱一旦变成上帝，亦即沦为魔鬼。

友　爱

在谈论情爱或爱情时，我们总不乏现成的听众，二者的美及其重要性一直被人们反复强调，几乎到了夸大的地步。即使是“拆穿家”，在反对这种颂扬的传统时，也须保持清醒的意识，在这个意义上说，也受到这一传统的影响。但是在现代，很少有人认为，作为一种爱，友爱的价值可与情爱和爱情比拟，友爱甚至根本不被列入到爱的序列。我不记得在《回忆录》①之后有什么诗歌或小说歌颂过友爱。现代文学中，类似特里斯坦与伊索尔德、②安

---

① 英国十九世纪的诗人丁尼生（Lord Alfred Tennyson）的长诗。

② 瓦格纳的歌剧《特里斯坦与伊索尔德》中的男女主角。

东尼与克莉奥佩特拉、[1]罗密欧与朱莉叶的爱情有无数的翻版，但是，像大卫与约拿单、[2]皮拉德斯与俄瑞斯忒斯、[3]罗兰与奥利佛、[4]艾米斯与艾迈尔[5]这样的友爱却没有。在古人看来，友爱是最令人愉悦、最具人性的爱，是生命的冠冕、培养美德的学校。相比之下，现代社会对它却不够重视。当然，我们承认，男人除了妻子和血肉之亲外，还需要几位“朋友”。但是，那种承认的语调本身，以及被承认者称为“友爱”的那种交情，都清楚地表明，我们谈论的与亚里士多德归入美德之列的 *Philia* 以及西塞罗撰书论述的 *Amicitia*，[6]几乎毫不相干。友爱是个边缘性的东西，非人生宴席中的一道主菜，乃是一种消遣，用来填补时间的空隙。这种情况是如何出现的？

第一个答案、也是最显而易见的答案是：因为很少有人

---

① 莎士比亚的爱情悲剧《安东尼与克莉奥佩特拉》中的主角，前者为罗马统帅，后者为埃及女王。

② 圣经《撒母耳记上》中的人物，大卫是以色列的国王，约拿单是大卫之前的国王扫罗的儿子，两人曾结盟。

③ 希腊神话中的人物，俄瑞斯忒斯是希腊统帅阿伽门农的幼子，皮拉德斯是国王特洛菲俄斯的王子，两人情同手足。

④ 两人均为查理曼大帝的大将，生死与共。

⑤ 英国十三世纪传奇故事中的人物，两人为好友，艾米斯用儿子的血治愈了艾迈尔的麻风病。

⑥ *Philia* 和 *Amicitia* 在希腊文和拉丁文中分别表示“友爱”。

体验到友爱，所以很少有人看重它。一生均无友爱的体验，这种可能性之所以存在，原因即在于使友爱与情爱、爱情迥然区别开来的那个事实。在所有的爱中，友爱最**非天性**（这样说，我毫无贬抑之意），最非本能，最非与生俱来，与生命的联系最小，最爱离群索居，最无必要。友爱最不易引起情绪的波动，也不会使语调发生变化，不会加快脉搏的跳动，也不会使你面容改色。友爱从根本上说是个人之间的事，两个人一旦成为朋友，就会在某种程度上一起远离集体。没有情爱便没有生育；没有情爱便没有抚养；但是，没有友爱，我们照样可以生存、长大。从生物学的角度来说，人类不需要友爱。一个集体甚至可能不喜欢、不信任友爱，领导者则往往不喜欢、不信任它。不论是校长、上校、船长还是宗教团体的领袖，看到自己的部下三三两两结成亲密稳固的友谊，他们都会感到不安。

友爱这种所谓“非天性的”特点，足以解释为什么它在古代和中世纪受到推崇，到了当代却逐渐遭到轻视。古代和中世纪最根深蒂固的思想是禁欲和出世，对天性、情感、肉体，人们或心存畏惧，认为它们会危及灵魂，或予以鄙视，认为它们代表了人类地位的堕落。因此，表面上最不受纯粹天性的约束、甚至最轻视纯粹天性的爱，便不可避免地被视为最为宝贵。情爱和爱情均与本能相连，为人和动物所共有，这是最显而易见的。你可以感觉到它们牵动你的五脏六腑，让你心神不宁。但是在友爱中，在那个由自由选择的关系构成的光明、宁静、理性的世界，你摆脱了这一切。在所有的爱中，唯有这种爱似乎将你提升到神明或天使的层次。

但是，中世纪之后，浪漫主义兴起，"感伤喜剧"[①]风靡一时，"回归自然"及崇尚情感之风盛行。随之而来的是感情的滥觞，这种倾向虽每每遭到批驳，但自此一直延续了下来。最后是对本能——血液中邪恶的神灵——的崇尚，对其崇拜者来说，男性的友谊也许是不可能的。在这种新的背景下，曾经使友爱备受推崇的种种优点，现在都成为它的缺陷。友爱中没有足够的悲喜交加，没有足够的信物和呢喃，因此，不足以取悦感伤主义者；友爱中也没有足够令人热血沸腾、心潮澎湃的东西，因此，不足以吸引原始主义者。友爱显得苍白瘦削，它是一种节欲的爱，而不是更为自然的爱。

还有一些其他原因导致了友爱的不受重视。有些人(这些人现在占大多数)认为，人的生命仅仅是一种高级复

---

① 法国 18 世纪感伤主义戏剧的一种文体，将催人泪下的背景与大团圆的结局融合在一起。

杂的动物生命，任何形式的行为，只要不能证明来源于动物，具有求生的价值，就是可疑的。在这方面，友爱的证据不够充分。此外，认为集体高于个人的观点也必然会贬抑友爱。友爱是人在个体性最强时建立的关系，和孤独一样，友爱必定会引人离开集体。更危险的是，它让人三五成群地离开。因为友爱具有选择性，只涉及少数人，所以，一些民主主义的情感自然会对其不满。说“这些人是我的朋友”，即暗示“那些人不是”。鉴于以上这些原因，一个人若(像我一样)认为古人对友爱的评价是正确的，在论述友爱时，他就必然会将笔墨放在重建友爱的地位上。

有破才有立，我首先必须去从事一点非常讨厌的“破”的工作。在当今这个时代，反驳“每一份真诚坚固的友爱实际都是同性恋”这种理论已经成为必要。

在此，**实际**这个危险的字眼很关键。说每一份友爱显然都是有意识的同性恋，无疑是错误的。那些自作聪明的人采取了一种较为隐晦的说法，说它**实际**是同性恋，亦即在特定的意义上、暗地里、无意识地是同性恋。这点虽然无从证明，也无从反驳。自作聪明的人一点也不因在两个真朋友的行为上找不出丝毫同性恋的正面证据而尴尬，反而一本正经地说：“这正在我们的意料之中。”于是，缺乏证据本身即被视为证据，正如无烟证明了火被精心掩盖了一样。

如果确实有火，这样说没错。问题是，我们首先必须证明火的存在。否则，我们的论证就如同一个人说：如果那把椅子上躺着一只隐形猫，椅子看上去就是空的；现在，椅子看上去确实是空的；由此可知，椅子上躺着一只隐形猫。

相信隐形猫的存在，从逻辑上也许无法驳斥，但是，这种相信却向我们透露了很多有关相信者的信息。那些认为友爱不是一种独立的爱，只是变相的爱情或爱情花絮的人，无意间透露了这样的事实，即，他们从未拥有真正的朋友。大家都知道，虽然我们对一个人既可能产生爱情，也可能产生友爱，但没有什么比爱情与友爱相去甚远的了。情侣总是谈论彼此的爱情，真正的朋友几乎从不谈彼此的友爱；情侣通常面对面，沉浸在彼此之中，真正的朋友则肩并肩，沉浸在某个共同的兴趣之中。最重要的是，爱情（只要持续，就）必须只存在于二者之间，友爱却远远不能只局限于二者。只有两个人的友爱甚至不是最完美的，其间的原因很重要。

兰姆①曾经说过，假定三个朋友（甲、乙、丙）当中，甲去世了，那么，乙不仅失去了甲，还失去了“丙身上甲的成分”；同样，丙也不仅失去了甲，还失去了“乙身上甲的成分”。我

① 兰姆（Charles Lamb，1775－1834），英国散文家、批评家。

的每位朋友身上都有一些东西，只有另外一位朋友才能将其充分地引发出来，我仅凭自己不足以让他展示全貌，需要有其他的光束来呈现他的方方面面。既然查尔斯[①]已经去世，我就再也看不到罗纳德[②]对查尔斯所独有的玩笑的反应，我不但没有因为查尔斯的去世，更多地拥有、“独占”罗纳德，反而失去了一部分罗纳德。所以说，在所有的爱中，真正的友爱嫉妒心最小。两个朋友乐意有第三方加入，三个朋友又乐意有第四方加入（只要新来的人有资格成为真正的朋友）。然后，他们就像但丁著作中那些幸福的人一样，说：“啊，来了一位增进我们彼此之爱的人。”因为在友爱中，“分有不是夺走”。诚然，意气相投的人不多，限制了朋友圈子的扩大（还有一些实际的考虑，如聚会场所的大小，讲话能否听见等问题）。但是，在有限的范围内，随着人数的增加，我们对每位朋友的拥有不是减少，而是增多。在此，友爱展示了它光辉的一面——与天国本身“因相似而接近”。在天国里，蒙福人数之众本身（其人数无人能够计算）就增加了每个人从上帝那里享受的恩典，因为每个人都从

① 查尔斯·威廉斯（Charles Williams，1886—1945），英国诗人、小说家、宗教作家，路易斯的挚友。

② 约翰·罗纳德·托尔金（J. R. R. Tolkien，1892—1973），英国语文学家、奇幻文学作家，以小说《指环王》闻名，路易斯的挚友。

自己的角度看上帝，无疑都向其他人传达了他对上帝的独特的认识。一位老作家说，先知以赛亚异象中的撒拉弗彼此对呼“圣哉！圣哉！圣哉！”（《以赛亚书》6:3)，原因即在此。我们越以这种方式彼此分享灵粮，每个人拥有的灵粮就越多。

因此，在我看来，每一份友爱都是同性恋的理论是毫无根据的。这并不是说友爱和不正常的爱情从未有过交织，某些文化在某些时期似乎有玷污友爱的倾向。我认为，在以前好战的社会，同性恋尤其容易潜入成熟的勇士与其年轻的副手或侍从的关系之中。无疑，这与行军作战途中身边没有女人有关。在（有必要或有能力）断定一种关系是否夹有同性恋时，我们无疑应该以证据（倘若存在证据），而不是以某种先存的理论为依据。亲吻、流泪、拥抱本身都不足以证明同性恋，若以此为依据，未免过于滑稽。赫罗斯加拥抱贝奥武甫，[①]约翰逊拥抱鲍斯韦尔[②]（两人都是声名远扬的情场风流人物），塔西佗[③]的作品中那些胡子拉茬、身经

---

① 古英语英雄史诗《贝奥武甫》中的人物，赫罗斯加是丹麦国王，贝奥武甫是瑞典的青年王子，为赫罗斯加的宫廷除妖。

② 约翰逊(Samuel Johnson, 1709－1784)，英国诗人、散文家、评论家、辞典编纂者。鲍斯韦尔(James Boswell, 1740－1795)，约翰逊的朋友和传记作者。

③ 塔西佗(Gaius Cornelius Tacitus, 55－117)，古罗马历史学家。

百战的老将在军团解散时相互拥抱、祈求对方给予最后的亲吻……他们都是同性恋者吗？你若相信这点，则还有什么不可相信？纵观历史，我们需要作出特别解释的，不是先辈们公开表达友爱的这些举动，而是我们的社会缺乏这些举动。不合时宜的是我们，而不是他们。

我说过，在所有的爱中，友爱与生命的联系最小。无论是个人还是社会，没有它，照样可以生存。但是，有一样东西对于社会却是不可或缺的。它虽不是友爱，却是友爱的基质，常常与友爱相混淆。

在早期社会，男人在狩猎、作战中的相互合作，如同生育抚养后代一样必不可少，不喜爱前者的部落与不喜爱后者的部落一样注定会灭亡。早在有历史记载以前，我们男人就从女人中分离出来，聚集在一起，从事自己的工作。我们必须这样。喜欢做自己必须做的事有助于生存。我们不仅必须做这些事，还必须谈论这些事——制订狩猎和作战计划，事后分析总结以供将来之鉴。我们更喜欢后者。我们嘲笑或惩罚胆怯、笨拙之人，赞扬表现出色者，对技术细节津津乐道（“他早该料到，那种风向他绝不可能追上那头野兽”……“知道吗？我的箭头比较轻，所以射中了”……“我一向都说——”……“我是这样扎下去的，明白了吗？就像握这根棍子这样”……）其实，我们谈论的都是本行。我们喜欢与彼此为伍:我们这群勇士、猎手,共同的技巧、共同面对的困苦危险、圈内的玩笑将我们紧密结合在一起,让我们远离妇女和儿童。正如有人开玩笑说,不管旧石器时代的人肩上是否扛有棍棒,他肯定有一个属于自己的会社。[①]这个会社可能是他宗教生活的一部分,就像梅尔维尔[②]的小说《泰皮》中的那些野人,他们一辈子每晚都要去那个神圣的吸烟社,在那里感到"异常地温暖、舒适"。

这时候,女人在做些什么?我不知道。身为男人,我从未窥探过善德女神[③]的秘密。她们无疑也经常举行一些谢绝男士参加的活动。在妇女从事农业的社会,她们一定也和男人一样,有一些共同的技巧、共同的劳作、共同的成就。然而,她们的群体也许从来不像男人的群体——由清一色的性别构成,儿童、也许还有一些年老的男性和她们在一起。这只是我的猜测,我能够追溯的只是史前男性之间的友爱。

这种从谈论本行、相互合作、(因每天都看到彼此经受

---

① 说话人在此运用了双关语,英文中"棍棒"和"俱乐部;会社"都是club。

② 梅尔维尔(Herman Melville, 1819—1891),美国浪漫主义小说家、诗人。

③ 古罗马宗教崇奉的女神,主要保佑土地肥沃和妇女生育。

考验而萌发的）相互理解和尊重中产生的乐趣，对生命来说很重要。如果愿意，你可以将这种现象归结于人类“爱群居的本能”，但我认为这是舍近求远。大家对这种现象的认识已经远远超出了对**本能**的理解，这种现象此刻就在许多病房、酒吧、师生休息室、食堂、高尔夫俱乐部中发生。我更愿意称之为伙伴关系。

然而，这种伙伴关系只是友爱的基质。它常常被称为友爱（很多人所说的“朋友”，其实只是伙伴），但有别于我所定义的友爱。我这样说，绝无贬低这种纯粹的伙伴关系之意，正如人们区分金银并非是要贬低银子。

当两个或两个以上的伙伴发现，他们都拥有别人所没有的某种洞见、兴趣、甚至爱好，而迄今为止，各人都认为这是自己独有的财富（或负担）时，友爱便由纯粹的伙伴关系中产生。其开场白往往是：“什么？你也这样？我还以为只有自己这样呢。”我们可以想象，在早期的猎手、战士中，只有单独的个人（这样的个人可能一百年、甚至一千年才出现一个）认识到别人不曾认识到的东西：认识到鹿不仅可以食用，还可以用作观赏；狩猎不仅是生存之需，还是一种乐趣；神明可能不仅拥有威力，而且还很神圣。但是，只要这些独具慧眼的个人在有生之年没有发现志趣相投的人，（我想）他们的洞察就不会产生任何结果，艺术、体育、属灵的宗教信仰都不会诞生。只有在两个同类人发现了彼此，不管是克服巨大的困难，用嗑磕巴巴的语言，还是以我们今天看来惊人的简练的表达，分享彼此的洞见时，友爱才开始诞生。转瞬之间，他们就站到一起，与外界有了天渊之隔。

情侣寻求独处，朋友（不管自己希望与否）则发现自己与外界隔绝，发现自己与集体之间隔着一道屏障。他们愿意减少这种隔绝，最初结交的两个人乐意有第三方加入。

在我们这个时代，友爱也以同样的方式产生。当然，对我们来说，共同的活动以及作为友爱基质的伙伴关系，往往不是狩猎、作战这类的体力活动，而可能是共同的宗教信仰、共同的研究、共同的职业，甚至共同的消遣。凡与我们有这些共同之处的人都是我们的伙伴，但一两位、两三位与我们另有其他共同之处的人则成为我们的朋友。正如爱默生①所说，在这种爱中，"你爱我吗？"的意思就是"你和我看到同样的真相了吗？"或者至少是，"你在意这个真相吗？"别人不以为然的问题，若有人和我们一样，认为它至关重要，这个人就可能成为我们的朋友。至于解决这个问题的答案，他不必与我们相同。

---

① 拉尔夫·爱默生(Ralph Waldo Emerson, 1803—1882)，美国散文作家、思想家、诗人，美国十九世纪新英格兰超验主义文学运动领袖。

注意，在这点上，友爱再现了它的基质——伙伴关系的特点，只是这种再现是在更加个人的层面，从社会的角度来说并非特别必要。伙伴关系存在于共事的人之间，如存在于一起狩猎、研究、绘画的人之间。朋友仍然共事，但是，共事的内容却更加内在、更不易界定、对之感兴趣的人更少。同样是猎手，狩猎的对象却是非物质的东西；同样是合作者，合作的内容却是世人不考虑或尚未考虑之事；同样是旅伴，踏上的却是另外一种旅程。所以，我们把情侣描绘成面对面，把朋友却描绘成肩并肩、直视前方。

难怪那些凄凄戚戚、一心只“想要朋友”的人，从来结交不到朋友。拥有朋友的条件是：在朋友之外，我们必须还有其他想要的东西。对“你和我看到同样的真相了吗？”你的真实回答如果是：“我什么也没有看到，也不在意这个真相，我只想要朋友。”友爱就绝不会产生（情爱倒有可能），因为没有任何东西作为友爱的内容。而友爱必须有具体的内容不可，哪怕这个内容只是热衷于多米诺骨牌或研究白老鼠。一无所有的人无以与他人分享，足不出户的人不可能拥有旅伴。

发现彼此行在同一条幽径上的两个人若为异性，他们之间的友爱就极易（可能不出半小时就）发展成爱情。实际上，除非他们不喜欢彼此的外表，或是双方或其中一方已经另有所爱，否则，这样的结果几乎可以肯定迟早会出现。反过来，爱情也可能让情侣之间产生友爱，这不但绝不会抹杀两种爱之间的区别，还会使它们的区别更加明显。如果对方起初只是真正意义上的朋友，逐渐地或突然之间变成你的恋人，你肯定不希望与第三方分享他的爱情，但对分享友爱却毫无妒意。如果你发现自己所爱的人能够自发地与你的朋友建立真正深厚的友爱，感到不仅我们俩在爱情中连结，我们三五个人还在同一条道上追求，有着共同的憧憬，这对于爱情实在是一个极大的丰富。

友爱和爱情的共存还可以帮助现代人认识到，友爱确实是爱，甚至和爱情一样伟大。假定你很幸运，“爱上了”你的朋友，并与之结婚。再假定有两种未来让你自由选择：“一种是不再为情侣，但永远有共同的追求，追求同一位上帝、同样的美、同样的真理；二为没有共同的追求，但在有生之年，永远保持爱情中的狂喜、激情、新鲜感和强烈的情欲。”请问：你应该选择哪种？作哪种选择你不会后悔？

我强调了友爱“并非必需”的特点，这当然需要作进一步的解释。

有人可能会反驳我说，友爱对于社会具有实用价值。每一种文明的宗教都自一小群朋友开始；当几位志趣相投的希腊人聚集在一起，谈论数字、线条、角度时，数学便真正诞生了；今天的英国皇家协会最初只是几位绅士在闲暇时碰面，讨论他们（还有少数其他人）感兴趣的话题；今天所谓的“浪漫主义运动”，**前身**是华兹华斯、柯勒律治不断地（至少柯勒律治如此）谈论个人的秘密想法；我们说共产主义、牛津运动、[①]卫理会、废奴运动、宗教改革、文艺复兴也是以同样的方式开始，其实并非太夸张。

这种反驳有一定的道理。但是，几乎每位读者可能都会认为，以上这些运动有些对社会有益，有些对社会有害。上述例证（倘若被全部认可）从总体来看，最多也不过倾向于表明，友爱既可能造福社会，也可能危及社会。即便造福社会，它具有的生存价值也不及所谓的“文明价值”。用亚里士多德的话来说，它不是有助于社会生存，而是有助于提高社会的生活质量。生存价值和文明价值在有些时期、有些情况下一致，但不是永远如此。有一点似乎永远可以确定，那就是，友爱的成果若能为社会所用，那一定是偶然所致，其社会作用只是它的副产品。出于社会目的设计的宗教，如罗马帝国的皇帝崇拜，现代将基督教作为“拯救文明”的手段“贩卖”基督教的做法，不会产生很大的效果。真正

① 十九世纪英国基督教圣公会内部以牛津大学为中心兴起的运动，旨在反对圣公会内的新教倾向，恢复天主教思想和惯例。

改变世界的是那些背弃“世界”的一小圈朋友。埃及人和巴比伦人研究数学，为的是将它应用于农业和法术，他们的数学很实用，具有社会效益；希腊人研究数学没有任何实际的目的，只是朋友们闲暇时的消遣，他们的数学对于今人却更加重要。

还有人可能会说，对个人而言，友爱极其有用，也许为生存所必需。他们可能会引用一大堆证词，如，虽然“没有兄弟支持，腹背受敌”，但“偶尔，朋友相守还是胜于手足”等等。当我们这样说时，**朋友**指的其实是“盟友”。在日常生活中，**朋友**的意思不止于此，或者说，应该不止于此。毫无疑问，在需要联盟时，真正的朋友会证明自己同时是盟友；我们贫困时，朋友会接济我们；生病时会照料我们；遭遇敌对时会支持我们；离世后会竭力看顾我们的孤儿寡母。但是，这类的善举不是友爱的本质，对这些善举的需要几乎成为友爱的障碍。这些善举从一个角度说与友爱有关，从另一个角度说无关。有关是因为，患难中不伸手相助的朋友不是真朋友；无关是因为，朋友扮演恩人的角色始终只是偶然，这两个角色甚至有点格格不入。恩人的角色几乎令人尴尬，因为友爱中根本不存在情爱中那种需要被人需要的成分。朋友需要我们接济、借贷或夜间看护，我们为他遭遇这类的事情而难过。现在既然难关已过，看在上帝的份上，让我们忘记这一切，回到我们在一起时真正想做、想谈论的事情上去。甚至感激之情也无助于友爱的增长，“别客气”这句客套话在此表达了我们真实的思想。完美的友爱的标志不是危难时有朋友相助（朋友当然会相助），而是这种帮助对友爱不会产生任何改变。对友爱而言，帮助是一种反常的情况，分散了友爱的注意力。朋友相聚，时光苦短，将时间用于帮助简直是一种可怕的浪费。也许我们只有几个小时可以畅谈，可是，天啦，竟然有二十分钟花在**私事**上！

我们之所以感到惋惜，是因为我们根本不想知道朋友的私事。友爱与爱情不同，它不爱打听对方的秘密。不了解对方的职业、婚姻状况，你照样可以与之为友，这些“无关的事情、事实问题”与关键性的问题——**你和我看到同样的真相了吗？**——有何相干？在真正的朋友圈子中，每个人都只是他自己，只代表他自己。没有人会在意他人的家庭、职业、收入、阶级、种族或过去。当然，这些情况大部分你最终会在无意中慢慢知道。它们会在举例、打比方当中，或作为一桩轶闻趣事的根据，一点点被透露出来。但是，他们透露这些，绝非是为了让你了解这些事情本身。这是友爱的王者风范。我们见面时，彼此都像独立之国君权在握的王子，出访在外，立场中立，不受自己背景的约束。这种爱（本质上）不仅不在意我们有形的外表，也不在意我们所代表的一切，包括家庭、工作、过去、社会关系。在家里，我们不仅是具体的个人——彼得或简，还充当一般性的角色——丈夫、妻子、兄弟或姐妹；在单位，我们是领导、同事或下属；在友爱中则不然，我们是脱离了一切瓜葛的，或者说，赤裸裸的思想。爱情要求赤裸的身体，友爱要求赤裸的人格。

因此，（希望你不要误解）这种爱具有强烈的任意性和无责任性。我没有责任成为任何人的朋友，世界上也没有任何人有责任成为我的朋友，友爱中没有任何的要求，没有丝毫的必须。像哲学、艺术、宇宙本身一样，友爱并非必要（宇宙并非必要，是因为上帝不是非得创造它不可）。它不具有生存的价值，确切地说，它是赋予生存以价值的事物之一。

我说朋友肩并肩时，是在指出它与情侣面对面之间必要的对比。除了这点对比之外，我不希望你在脑海中永远留下肩并肩的印象。将朋友连结在一起的那份共同的追求或梦想，并没有让他们沉醉到对彼此始终一无所知、不加注意的地步，相反，这种追求或梦想却是他们彼此相爱、彼此了解的媒介。人最了解的是自己的“同伴”，共同的旅程中每一步都在考验他的本质，我们彻底明白这些考验的含义，因为我们自己也在经历这些考验。因此，随着他一次又一次地战胜考验，我们对他的信赖、尊重和钦佩也逐渐升华成异常坚定、知根知底的欣赏之爱。倘若在开始时，我们注意的更多是他本人，而不是友爱的“内容”，我们对他就不会有今天这样的了解或爱。像看待情侣一样看待他，凝视他的双眸，你不会发现他作为战士、诗人、哲学家或基督徒的一面。要了解这一面，你最好与他一起作战、读诗、辩论、祷告。

我认为，在完美的友爱中，这种欣赏之爱往往是如此地强烈、根深蒂固，乃至每位成员在其他人面前都暗自深感自己的渺小。有时候，尤其是当全体成员相聚一堂，每个人都把其他人身上最出色、最睿智、最滑稽的一面引发出来时，他会纳闷，自己何以置身于如此优秀的人物当中，他会觉得自己无比地幸运。当四、五个朋友在一天疲惫的远足后到达旅店，穿上拖鞋，伸展双腿舒服地烤着火，饮料伸手可及，大家海阔天空地闲聊，任由思想驰骋于宇宙内外，彼此之间没有任何的要求或责任，都是自由之人、平等之身，仿佛一小时前刚刚相识，同时又为多年酝酿的浓厚情爱环绕时，这真可谓是黄金聚会，是生活——自然的生活——赐予我们的最好礼物。谁配领受？

根据以上所说，我们可以清楚地知道，在大多数时期、大多数社会，友爱只存在于同性之间。异性可能在情爱和爱情中发生接触，但不会在友爱中发生接触，因为他们之间很少存在共同的活动所形成的伙伴关系，而这种伙伴关系正是友爱的基质。在只有男性接受教育的社会，在一种性别的人工作、另一种性别的人赋闲，或两性从事完全不同的工作的社会，异性之间通常没有共同的东西让他们结为朋友。但是，不难看出，异性之间不能产生友爱，正是由于缺乏这种共同的东西，而非由于各自的本性。因为，在能够成为伙伴时，他们也会变成朋友。因此，在（像我所从事的）男女并肩工作的职业中，在宣教士、作家、艺术家中，异性之间的友爱很普遍。毫无疑问，一方表现出的友爱可能会被另一方误解为爱情，导致痛苦和尴尬的结果；或双方都以友爱开始，却以爱情告终。但是，说一物可能被误当作另一物，或转变成另一物，不是要否认二者的差异，反而是暗示了其差异。否则，我们就不应该说“误当作”或“转变成”。

从一个方面说，我们这个社会很不幸。在一个异性从不共事、从不同校就读的社会，人们可能生活得相当舒适。在这样的社会，男人彼此、而且只能彼此寻求友爱，从中享受到很多乐趣（但愿女性也是这样）。在一个所有的异性都有充分的基础建立友爱的社会，人们的生活可能也很舒适。但是，我们现在却两头落空。友爱需要的共同基础，孕育它的母体，在有些群体的异性之间存在，在另一些群体中则不存在。在很多郊外的住宅区，这种基础的缺乏非常明显。

在富人区，男人毕生赚钱，至少有一部分女人则利用闲暇陶冶情操，爱上了文学或音乐。在这些地方，男人置身于女人当中，犹如野蛮人置身于文明人当中。在另一个地区，你会看到相反的情况。男女确实都“上学”，但是，男人会继续接受更加严格的教育，成为医生、律师、牧师、建筑师、工程师或作家，女人与他们的差别，就如同孩子与大人的差别。在这两种地区，异性之间都根本不可能产生真正的友爱。这种状况虽然很可悲，但是，如果双方都予以承认、接受，倒也无妨。我们这个时代所特有的问题是：处于这种境地的男女，他们常常听到一些传言，说在某些快乐的群体中，男女之间没有这种鸿沟；他们偶尔也能够看到这样的群体；他们还为平等主义的观念所困扰，认为对一些人来说可能的事，对一切人也应该（因而也确实）可能。因此，他们拒绝安于现状。于是，一方面，我们看到女教师型的妻子。她们“有素养”，总是极力将丈夫“提升到自己的水平”，拖他去音乐会，希望他学会跳莫里斯舞，[①]邀请“有素养”的人到家中作客。这种做法对男人造成的损害往往小得可怜。中年男性有着巨大的消极抵抗力和纵容力（可惜女人不知道这点），

① 英国乡村一种由经过特别挑选和训练的几组男子跳的礼仪性质的民间舞蹈。

他们说："女人家总是好追求时尚。"但是，如果男人有文化、女人没有，而所有的女人以及很多男人都断然拒绝承认这一事实，那么，情形就要令人痛苦得多。

在这种情况下，我们就会看到可悲的、出于礼貌和善意的、煞费苦心的伪装：（用律师的术语来说）女人被"视为"男性圈子中不折不扣的成员。在头脑简单的人看来，她们像男人一样抽烟、喝酒（这个事实本身并不重要），就证明了她们确实是其中的一员。女人不允许存在清一色的男性聚会，男人在哪里聚集，她们也要在哪里。男人已经学会了成天与各种思想打交道，知道何谓讨论、举例和证明。女人如果仅仅拥有从学校学到的知识，结婚后立即就把学校传授的一点"文化"丢得一干二净，只阅读女性杂志，通常的谈话几乎无一例外是叙述，她就不可能真正融入男性圈子。她可以身处这个圈子当中，可是，结果如何？如果这些男人毫无体贴之心，他们的谈话她全然不懂，她就只能从头至尾百无聊赖地默坐在那里。如果这些男人有较高的素养，他们会尽量让她参与进来，向她作一些解释，极力纠正她与话题无关的错误观点，使之多少有点意义。但是，这些努力很快就化为失败。为了礼貌起见，原本是一场真正的讨论，结果只好有意被淡化，流于闲聊、说笑话、谈论轶闻趣事。他们带她来分享的东西，恰恰因为她的到来而遭到破坏。她永远无法真正进入这个圈子，因为她一旦进入，这个圈子便失去了本来的面目——正如当你抵达地平线时，它就不再是地平线一样。学会抽烟、喝酒、讲低俗的故事，并没有使现代女性与男人的距离比她祖母更近一步。但是，祖母要比她快乐、现实得多。祖母留在家里，和其他女人谈论真正属于女性的话题，可能还显得魅力十足、通情达理，甚至机智幽默。她或许也能这样，或许同夜晚的聚会被她破坏的那些男人一样聪明，甚至比他们更聪明。但是，她真正的兴趣与他们不同，追求兴趣的方式也不同。（任何人假装对自己毫不喜欢的事情感兴趣，都会显得像傻瓜。）

上述女性的大量涌现是现代人轻视友爱的一个原因。她们常常能大获全胜，使男性的伙伴关系，使男性的友谊，在整个街坊消失。在她们生活的小天地里，没完没了的无聊"戏笑"取代了思想的交流，她们遇到的男人，在女人面前都像女人一样交谈。

这种对友爱的毁灭常常是无意识的。然而，还有一类攻击性更强的女性，这种毁灭则在她们的预谋之中。我曾经听见一位女人说："绝不要让两个男人坐到一起，否则，他们就会聊起一个**话题**，一点也没趣。"她的意思再明白不过了：千方百计地谈话，谈得越多越好，让语声不绝于耳。但是，绝不要有任何话题，绝不可有任何实质性内容。

这种快乐的女性——活泼、“迷人”、八面玲珑、纠缠不休——寻求的只是每晚的乐趣，使聚会自行“瓦解”。但是，有意识的战争则可能在更深的层面对友爱开火。有些女人视友爱为爱情、尤其是情爱的大敌，憎恨、嫉妒、惧怕友爱。她们运用种种诡计摧毁丈夫的友谊：与他的朋友争吵，或与朋友的妻子争吵（这一招更妙），嘲讽、阻拦、撒谎。她没有意识到，在被她成功地与朋友隔绝之后，这位丈夫已经没有多少价值。她已经将他阉割了。渐渐地，她自己也会为他感到羞耻，也不记得他的生活有多大部分存在于她监视不到的地方。新的友爱会萌芽，但这次是秘密的。他若不是很快又有了其他秘密，算是她幸运，幸运得都不配享受。

这些当然都是愚蠢的女人。聪明的女人如果愿意，一定能够提高自己，使自己有资格进入讨论和思想交流的天地，倘若没有资格，就决不会尝试进入或破坏那个天地。她们另有重要的事情可干。在有两性参加的聚会上，她们会自动聚集到房间的另一头，谈论女人的话题。就此而言，她们不需要男人，就像男人不需要女人一样。只有不识趣的男人和女人才会守着异性，寸步不离。自己活，也让别人活。女人常常嘲笑我们男人，理应如此。异性之间如果没有任何真正共同的活动，只能在情爱和爱情中接触，不能成为朋友，则一方常常意识到对方的可笑是正常的。其实，这一向是正常的。正如我们对孩子或动物的欣赏一样,异性若非不时地觉得对方可笑,绝不会真正地彼此欣赏。人既有悲剧的一面,也有喜剧的一面,两性的划分使彼此能从对方身上看到自身不易觉察的滑稽之处,当然也看到自身的可悲之处。

我在前面提醒过大家,本章的任务主要是重建友爱的地位。我希望以上几页已经清楚地说明,为什么古人认为友爱几乎能使人超越人性,至少对于我来说不足为怪。友爱是高度灵性的,它不为本能所左右,(除了爱本身自愿承当的责任外)不受任何责任的约束,几乎没有任何嫉妒,也彻底不存在需要被人需要。在人类的想象中,天使之间的爱可能就是如此。那么,我们是否可以说:在此,我们发现了一种自然之爱,这种自然之爱就是**大爱**本身?

不要着急下这种结论。我们首先要意识到,**灵性的**这个词具有多种含义。在新约的很多经文中,这个词的意思是"与圣灵有关"。在这些经文中,灵性的东西,根据其定义,就是善的。但是,当**灵性的**只用来表示与肉体的、本能的、动物性的对立时,灵性的东西未必就是善的。宇宙中既存在灵性的恶,也存在灵性的善,既有圣洁的天使,也有堕落的天使。人最严重的罪是灵性上的罪。我们千万不要认为,说友爱是灵性的,即意味着它本身圣洁、没有瑕疵。有三个重要的事实仍然需要考虑。

第一个事实前面已经提到，即，上司对部下之间的亲密友谊往往感到不放心。这种不放心可能没有道理，也可能不无根据。

第二是大众对一切密友圈子所持的态度。对这类圈子，他们的称呼或多或少都带有贬义：最好的称呼是“一群”；一个圈子倘若不被冠以“一类”、“一帮”、“一小撮”、“一个孤芳自赏的团伙”，就算走运。那些终其一生只知道情爱、爱情、伙伴关系的人，认为朋友是一群“骄傲自大、不屑与普通人为伍的人”。这当然是出自嫉妒，但是，嫉妒提出的指控总是她能想到的最真实或最接近真实的指控。这种指控更伤人，因而必须加以考虑。

最后，我们必须注意到，圣经在描述上帝与人之间的爱时，很少拿友爱作比喻。友爱没有完全被忽略，但是，圣经在寻找最高之爱的象征时，更多是撇开这种看似天使般的关系，深入到最自然、最本能的关系。上帝是“父”这个比喻取自情爱，基督是“教会的新郎”则取自爱情。

我们首先来探讨上司对部下之间的友爱的疑虑。我认为，他们的疑虑是有原因的，对这个原因的思考会让我们有一点重要的发现。如前所说，在一个人对另一个人说“什么？你也这样？我还以为只有我自己这样……”那一刻，友爱就诞生了。但是,这样发现的共同爱好、理想、观点未必都是好的。艺术、哲学很可能从这一刻起发展,宗教、道德自此进步,但是,迫害、同类相残、以人献祭为什么就不可以呢?对这一刻正反两方面的作用,大多数人年轻时无疑都有所体会:初次遇见一个人喜欢自己最爱的诗人,那种感觉很美好。以前几乎无法读懂的作品,现在意思变得清晰起来,以前羞于启齿的事情现在可以坦率地承认。但是,初次遇见一个和自己怀有同样不为人知的邪念的人,我们会同样感到欣喜。这种邪念也变得清晰起来,我们也不再为之羞愧。甚至现在,无论到了怎样的年纪,我们也都深知共同怀有的仇恨、怨愤对我们产生的危险的吸引力。(对学院里唯一一位和你一样看出副院长过错的人,你很难不高兴地称呼他为朋友。)

独自置身于一群没有共识的伙伴当中,有些观点和标准我只能暗自持有,既羞于公开承认,也怀疑它们是否正确。让我回到朋友当中,不出半小时,甚至不出十分钟,同样的观点和标准就会再次变得毋庸置疑。当我置身这个小圈子时,它的看法胜过了一千个外界人。随着友爱的坚定,即使朋友远隔千里,小圈子的看法仍然可以起到同样的效果。因为我们都希望自己的同类、"合乎己意"的人评价自己,只有他们才真正了解我们的思想,根据我们完全认可的标准对之进行评价。我们真正渴望的是他们的赞扬，真正害怕的是他们的责备。早期那些小小的基督徒群体之所以能够存活下来，是因为他们只看重“弟兄”之爱，毫不在意周围形形色色的异教群体对自己的看法。但是，罪犯、狂热分子、变态者各自组成的小圈子，也同样可以存活下来。他们常常对外界的意见置若罔闻，将其贬斥为“丝毫不懂”的外行人、“守旧者”、“资产阶级”、“信奉国教者”、自命不凡的人、伪君子、骗子的饶舌。

由此看来，上司对友爱的不悦就不难理解了。每一份真正的友爱都是一种脱离，甚至反叛。这种反叛可能是严肃的思想家对普遍接受的哗众取宠的观念的反叛，也可能是追求时尚者对公认的理性的反叛；可能是真正的艺术家对流行的粗俗艺术的反叛，也可能是欺世盗名之徒对文明品味的反叛；是好人对社会弊病的反叛，也可能是坏人对社会正义的反叛。无论哪类反叛，都不受领导者欢迎。在每一群朋友当中，都有一种内部的“舆论”左右着其成员，使之不受整个社会的“舆论”的影响。因此，每一群朋友都是潜在的抵抗力量。拥有真正朋友的人不大容易受人控制、“受骗上当”，好的上司很难对他进行纠正，坏的上司也很难使之变坏。因此，如果我们的上司通过强力，通过鼓吹“集体性”，或通过温和的手段，取缔了私人活动与自由的闲暇时间，从而成功地营造了一个只有伙伴、没有朋友的社会，他们就铲除了一些危险，同时也使我们失去了防止彻底奴役的最有力的武器。

但是，友爱确实有其危险性。友爱（正如古人所见）可以是培养美德的学校，也可以是孕育罪恶的温床（这点古人没有看到）。它具有两面性，既可以使好人变得更好，也可以使坏人变得更坏。详述这点只会浪费时间，我们的重点不在于历数不良友谊的危害，而在于对良性的友谊潜在的危险予以警觉。像其他自然之爱一样，这种爱天生有沾染疾病的倾向。

我们将会看到，所有的友爱，无论是好的、坏的、不关痛痒的，都具有脱离群体、（至少在有些事情上）对外界的意见漠不关心或充耳不闻的特点。即使友爱的基础不过是集邮这种小小的爱好，有几百万人认为它很愚蠢，有几千人浅尝辄止，这个朋友圈子对他们的观点也会置之不理。这种置之不理是不可避免的，也是正当的。成千上万的人曾经认为风暴是由巫术引起，气象学的创始人对他们的观点置之不理。这种置之不理也是不可避免的、正当的。这里不存在冒犯的问题。正如我知道对于高尔夫球手、数学家、驾驶汽车的人各自组成的圈子来说，自己是个圈外人，同样，对于我自己的爱好，我也有权视他们为圈外人。彼此不悦的人应该减少碰面，互有兴趣的人应该常常聚首。

友爱的危险在于，这种对外界意见局部性的漠不关心或充耳不闻，虽然貌似合理、必要，但有可能导致全面性的漠不关心或充耳不闻。这种情况最突出地表现在神权阶级或贵族阶级中，而不是在朋友圈子里。我们知道主耶稣那个时代的祭司对平民的看法，也在傅华萨的《闻见录》[①]中看到骑士对“圈外人”——农民——既不同情，也不怜悯。骑士对农民的冷漠虽然应受到谴责，但却与一种优良的品质紧密联系在一起。他们内部对勇敢、慷慨、礼貌、荣誉确实有很高的标准，这个标准在那些谨小慎微、斤斤计较的农民看来简直是愚蠢。在维护这个标准时，骑士毫不理会、也必须毫不理会农民的观点，对他们的看法“不屑一顾”。倘若他们顾及了农民的看法，我们今天的标准就会比现在粗俗、低劣。但是，“不屑一顾”的习惯会越来越受到一个阶级的青睐。在不该倾听时拒绝倾听农民的声音，容易导致在他们呼求正义和怜悯时，也拒绝倾听他们的声音。原本高尚、必要的局部性的充耳不闻，演变成傲慢、残忍的全面性的充耳不闻。

---

① 傅华萨(Jean Froissart，1333？—1400或1401)，欧洲中世纪诗人和宫廷史官。《闻见录》主要描写百年战争的“光荣业绩和武功”，是封建时代最重要和最详尽的文献材料。

当然，朋友圈子不可能像一个有权势的社会阶层那样压迫外界，但在自己能力所及的范围内，它也具有同样的危险。它可能逐渐地将那些完全有理由作为外界人士的人，一概(不无贬义地)视为“圈外人”，这样，像贵族阶级一样，它在自己的周围建立了一个真空地带，任何声音不能穿越。一开始，文学圈子或艺术圈子不理会普通人对文学或艺术的看法，也许是正确的。逐渐地，这种不理会可能会发展到对普通人认为他们应该支付费用、仪表整洁、行为礼貌，都不屑一顾。因此，不论这个圈子具有怎样的缺点(任何圈子都有缺点)，这些缺点都是不可克服的。不仅如此，这种合理的、局部性的充耳不闻还建立在某种优越感之上(即使这种优越感仅是比别人多懂一点邮票知识)，这种优越感会发展成全面性的充耳不闻。于是，这个圈子不但会无视，而且会蔑视它以外的人，实际上，它会变成一个类似阶级的东西。一个排外的小圈子就是一个自封的贵族阶级。

我在前面说过，在有益的友爱当中，每个成员在其他人面前往往感到谦卑，认为他们很出色，自己与他们为伍很幸运。但是，不幸的是，这个**他们**换一个角度看就是**我们**，因而，个人的谦卑极易变成集体的骄傲。

我指的不是所谓社交上的或势利的骄傲——以认识显贵之人，并以他人知道自己认识显贵之人而自鸣得意。这是另一回事。势利的人希望依附于某个团体,是因为该团体已经被视为精英;朋友们则因为已经相互依附,所以才会逐渐产生视自己为精英的危险。我们寻求合己心意的人,为交友而交友,然后,才惊喜或警觉地发现,自己的圈子已经变成了一个贵族阶级。我们当然不会称自己的圈子为贵族阶级,每一位拥有友爱的读者可能都会竭力否认自己的圈子犯过这种荒唐的错误。我也一样。但是在这类事情上,我们最好不要从自己讲起。不管我们自身的情况如何,我想,大家都能在他人的圈子中发现这类倾向。

我有一次参加一个会议,会上,两位显然是好朋友的牧师谈论起“非创造的力量”,这些非创造的力量指的不是上帝。我问他们:如果《尼西亚信经》称上帝为“创造天地的,并造有形无形的万物的主”是正确的,除上帝之外,怎么可能有非创造之物?他们没有回答,而是相视大笑。我不反对他们笑,但也希望他们给我一个回答。这种笑绝不是嘲讽,也毫无令人不悦之感,类似美国人说的“瞧他逗不逗?”也像一个爱磨人的孩子提出一种无人问过的问题,逗得大人开心大笑一样。你很难想象,这笑声是何等地毫无恶意,却又如何清楚地表明,他们充分意识到自己一向活在一个比其他人更高的层次,他们置身于我们当中,如同骑士置身于农民、大人置身于孩子当中。他们很可能能够回答我的问题，因为知道我太无知，不能明白，所以才没有回答。可是，哪怕他们当时只说了一句："这恐怕一时难以解释清楚"，我也不会认为他们怀有友爱的那种骄傲。关键在于他们的笑声和眼神，从中公然流露出一种不加掩饰的、自认为理所当然的集体优越感。这种优越感几乎不令人反感，也无明显的伤害别人或沾沾自喜之意（这两个人都是很友好的年轻人），但这恰恰突显了他们的高傲。这种优越感是如此地稳固，以致到了能够宽容别人、彬彬有礼、无须突显自己的地步。

这种集体优越感并非总表现为高傲，即冷静、宽容，它也可能表现为强悍、烦躁不安、怨恨好斗。有一次，我在一个大学生会社宣读论文，随后学生们展开讨论（这是应该的）。一个年轻人紧绷着脸，对我非常不客气，最后我只好说："先生，五分钟内你有两次等于在说我撒谎。如果讨论批评的问题时，你非这样不可，那我只好离开。"我预计他会作出如下两种反应：勃然大怒，对我大肆侮辱，或面红耳赤，向我道歉。令人惊讶的是，他什么反应都没有。他脸上那种习惯性的不适的表情没有任何改变，除了不再近乎直接地说我撒谎外，他的表现和先前无异。你碰到的是一幅铁幕，他早已作好准备，不与我这样的人发生任何真正的个人关系，不论这种关系是友好的，还是敌对的。几乎可以肯定，在这背后有一个强悍的朋友圈子——自封的圣殿骑士团，[1]随时全副武装，准备捍卫处于危急之中的巴菲迈。[2]我们——从他们的角度看，是**他们**——根本不是作为人而存在。我们是标本，代表不同的年龄群、不同的类型、不同的舆论、不同的兴趣，应该予以灭绝。你打掉他们的一把武器，他们又冷静地拿起另一把。他们根本不是在普通的、人际的意义上与我们相遇，他们只是在执行任务——喷洒杀虫剂（我曾经听人用过这个比喻）。

那两位友好的年轻牧师和那位不友好的学生，知识水平都很高，爱德华时代那班赫赫有名、愚蠢到称自己为"精英"的朋友也是如此。但是，一群极其平凡的人组成的朋友圈子同样可以产生集体优越感，这种优越感会以更加赤裸裸的方式炫耀出来。大家都见到过这种现象：在学校里，"老生"故意在新生面前攀谈；在部队里，正规兵故意在"临时兵"面前攀谈；有时候，在酒吧或火车车厢里，粗俗的朋友彼此之间故意高声说笑，让素不相识的人知道他们的关系。这些都是为了炫耀。这种人神神秘秘地亲密交谈，为的是让别人偷听。他们要清楚地告诉每一位圈外人，他不是该

---

① 根据传说，圣殿骑士团成立于 1118 年，由一小群武装的僧侣组成，保护去耶路撒冷的游客。

② 圣殿骑士团敬拜的偶像。

圈子的成员。其实,这种友爱除了排外,几乎没有任何“内容”。每个成员在与圈外人交谈时,都喜欢用教名或绰号称呼其他成员,因为这样一来,圈外人就不知道他指的究竟是谁。我以前认识一个人,手段更加巧妙。他开门见山地提起他的朋友,仿佛人人都知道,也理应知道他们是谁似的。他的开场白往往是:“正如理查德·巴登曾经告诉我的……”我们当时都很年轻,从不敢承认自己没听说起这个人。他给人的感觉仿佛是:显然,稍有头脸的人都知道理查德·巴登是谁,“不知道他,即证明自己是无名小卒”。过了很久,我们才慢慢意识到,其他人也没听说过这个人。(其实,我现在怀疑,他提到的所谓理查德·巴登、赫西凯·克伦威尔、爱利诺·弗斯特,根本就是子虚乌有。但是,有一年左右的时间,我们的确彻底给唬住了。)

这样,我们就可以发现很多朋友圈子中存在的友谊的骄傲,不管这种骄傲是高傲的、强悍的,还是纯粹粗俗的。认为自己所在的圈子不存在这种危险,未免轻率。人们无疑都是最后才在自己的圈子中发现这点。这种骄傲的危险与友爱确实几乎不可拆分。友爱一定是排外的。必要的、毫无恶意的排外行为很容易演变成排外的风气,再进一步发展成堕落的排外的乐趣。一旦开此阀门,我们便会迅速直线下滑。也许,我们永远不会变成强大的叛逆者,也不会沦为普通的无赖，我们有可能成为“精英”(从某些方面看，这更糟糕)。最初将我们带到一起的那个共同的理想，可能会慢慢地远逝。我们将成为一个为了自身的存在而存在的小圈子，一个自封的(因而是荒谬的)贵族阶级，沉浸在集体的自我认可的梦幻中，自得其乐。

有时候，这种小圈子开始涉足实践领域。一些与该圈子最初的共同兴趣不大相关的人，因为让人觉得“忠实可靠”(一种无法界定意义上的“忠实可靠”)，被招募了进来。这种审时度势的扩充，使得该圈子成为地方上的一股势力。逐渐地，其成员身份具有了政治意义，尽管所涉及的政治也许只限于一个军团、一个学院或一个教会内部。他们把操纵各个委员会、(为忠实可靠的人)谋取职位、联合起来对付穷人，当作其主要的工作。那些一度聚会谈论上帝或诗歌的人，现在聚会谈论起教士的俸禄或讲师的职位。对于他们，这种结局很公平。上帝对亚当说：“你本是尘土，仍要归于尘土。”①当昔日的朋友圈子这样沦落为一班欺世盗名之徒时，昔日的友爱也退回到它的基质——纯粹实际的伙伴关系。他们现在与原始的猎人群体无异。他们也确实是猎人，只不过不是我最敬重的那种猎人。

---

① 圣经《创世记》3:19。

大部分人看问题从来不特别正确，也从来不特别错误。他们认为，每一份友爱的存在都是为了享受从自负和优越感而来的快乐——这是彻底错误的；他们认为，每一份友爱都沉溺于这些快乐——我认为也是错误的；但是，他们将骄傲断定为友爱天生会面临的危险，则似乎是正确的。正因为友爱是最灵性的爱，所以，困扰它的危险也是灵性的。如果你愿意，我想说，友爱甚至是天使般的爱。但是，如果人想吃天使的食粮，而又想安然无恙，他需要借助谦卑加倍地保护自己。

也许，我们现在可以大胆地猜测一下，为什么圣经极少用友爱来比喻最高级的爱。友爱实际上已经太灵性，不宜作为灵性事物的象征。没有最低者，最高者便站立不住。上帝可以放心地将自己描述为我们的父亲和丈夫，因为只有疯子才会认为他在肉身上是我们的父亲，或者，他与教会缔结的婚姻是非象征意义的。但是，如果用友爱来比喻，我们就有可能误将象征当作象征之物，友爱中固有的危险就会加剧。友爱本身就明确表现出与属天生命的接近（因相似而接近），用它作比喻可能会促使我们更进一步，把这种接近误当作趋向上的接近。

因此，像其他自然之爱一样，友爱无力自救。实际上，由于友爱是灵性的，因而面对的敌人更狡猾，所以，要想永葆美好，就需要更加全心全意地祈求上帝的保护。想一想，友爱的正道是多么狭窄！一方面，它不可以变成所谓的“孤芳自赏的团伙”；另一方面，若不充满相互钦佩，即欣赏之爱，它便根本不是友爱。除非我们的精神生活贫乏到没有友爱的地步，否则，我们在友爱中的经历就一定会像《天路历程》[①]中的女基督徒和她的同伴那样：

> 她们彼此一看，大为惊异，因为她们都看不见自己的美丽，却看得见对方的美丽。因此，她们都认为对方胜过自己：一个说，你比我美；另一个说，你比我标致。

从长远来看，只有一种途径可以确保我们体验到这种美妙的经历，在以上引文出现的段落中，班扬也提到这种途径。那是在解释者的家里，在她们沐浴、盖上印记、换上“白衣”之后，[②]她们才这样彼此看待。我们若记住沐浴、更衣、盖上印记，友爱就不会走偏。友爱共同的基础越高，就越需要记住这点，尤其是在明确的以信仰为基石的友爱中，忘记

---

① 英国清教徒作家、牧师约翰·班扬(John Bunyan，1628—1688)的宗教寓言小说，其流传之广一度仅次于《圣经》。

② 暗示接受洗礼。

这点是致命的。

因为在这样的友爱中，我们似乎觉得，我们这四五个人是自己选择了彼此，每个人都独具慧眼，发现了其他人身上内在的美。物以类聚，人以群分，我们是自愿组成的贵族阶级，凭借天生的能力跃至众人之上。其他的爱则不会让人产生这种错觉。显然，情爱要求双方有亲属关系，或者至少关系接近，而这些从来都不取决于我们自己的选择。至于爱情，全世界有一半的情歌和情诗会告诉你，爱上这个人是你命中注定。你无法选择爱情，正如你无法选择雷电，因为“或爱或恨，我们无从左右”。说它源于丘比特之箭也好，源于基因也好，总之，由不得我们。然而，友爱中不存在这些，我们认为是自己选择了彼此。其实，如果我们的年龄相差几岁；住处再多隔上几里；没有选择上这所大学，而上了另外一所大学；被划派到不同的军团；初次相识时，谈及或未谈及某个话题——所有这些偶然都可能使友爱与我们无缘。但是对基督徒而言，严格地说，不存在偶然。一位看不见的司仪一直在那里工作。主耶稣曾经对门徒说：“不是你们拣选了我，是我拣选了你们。”[①]对每一群基督徒朋友，他也完全可以说：“不是你们选择了彼此，是我为你们选择了

① 圣经《约翰福音》15:16。

彼此。”友爱不是对我们在择友上的鉴赏力和高品味的奖赏，它是上帝向每个人展示圈内其他人之美的工具。有很多人比他们更美，但是通过友爱，上帝让我们看到他们的美。像所有的美一样，他们的美也来自上帝，在有益的友爱中，上帝通过友爱使之加增。因此，友爱不但是上帝用来展示他人之美的工具，也是他创造美的工具。在这场盛宴中，他摆设筵席，他选择嘉宾，（我们可以大胆地希望）有时候也是他，而且永远应该是他，来主持招待。我们不要喧宾夺主。

这并不是说在享受这场盛宴时，我们应该始终保持严肃。“创造了开怀大笑的上帝”不许我们这样。我们必须深刻地认识到某些事情的严肃性，同时仍然能够，并且愿意，常常以对待游戏之心来轻松处之。这是生活的一大微妙之处，既富有挑战，又令人愉悦。对此，下一章将有机会作更多的探讨。现在，我只引用邓巴[①]对仗工整的劝告为本章作结：

人啊，取悦你的主，时时欢笑，

切莫为尘世，付出一颗红樱桃。[②]

---

① 邓巴（William Dunbar，1460－1520），苏格兰诗人。

② 此句的意思是：不要尘世付出哪怕是极其微小的代价。

爱　情

我说的爱情指的当然是所谓"相爱"的那种状态，如果你愿意，也可以说是情侣"沉浸其中"的那种爱。在前面谈及情爱时我说过，人类对情爱的感受似乎与动物最接近，有些读者或许对此感到惊讶。现在有人可能要问：人类的性功能无疑也同样与动物接近？就人类的性欲总体而言，确实如此。但是，我要讨论的不是人类的性欲本身，性欲只有在作为"相爱"这种复杂状态的一部分时，才进入我们的话题。毫无疑问，性欲在没有爱情、不"相爱"时也可能出现，而爱情，除性欲之外还包括其他内容。如果你愿意，我想说，我探讨的不是人类与动物共有的，甚至不是全人类共有的性欲。我探讨的是在"爱"中发展起来的、人类特有的一种性欲，我称之为爱情。爱情中肉欲的成分或动物性的性成分，我打算（沿袭古老的用法）称之为性爱。我说的性爱不是（像深层心理学家探究的）潜藏的或经过升华的性，而是一目了然的、为一切有过性经历的人所知、通过最简单的观察即可证明的性。

无论爱情是否存在，性欲都可能产生。在此，我首先要声明，我作此区分只是为了限定探讨范围，没有任何道德判断的意思。我丝毫不赞成普遍流行的那种观念，即认为，爱情的有无决定了性行为是否"纯洁"、高尚、正当。如果所有未经历爱情就同床共枕的人都是可鄙的，那么，人人都出自道德败坏的祖先。婚姻以爱情为基础，这样的时代和社会占少数。我们的祖先大部分年纪轻轻时，便在毫无爱情的基础上与父母择定的对象成婚，他们的性行为没有任何其他的"动力"，可以说，只是出于纯粹的动物性的欲望。他们——那些诚实的基督徒夫妇——奉父母之命，相互偿还"婚姻的债务"，以一颗敬畏上帝的心生儿育女，他们生活得很好。相反，在崇高、美丽的爱情（这种爱情不太看重感官的乐趣）推动下发生的性行为，则可能是赤裸裸的奸淫，可能会伤害妻子、欺骗丈夫、抛弃子女、背叛朋友、辜负盛情。以感情的高尚与否为标准区分罪与义务，从来都为上帝所不悦。像其他行为一样，性行为正当与否也有比感情更切实、更明确的评判标准：仁爱或自私、信守或背弃诺言、公正或不公正、顺服或不顺服。我对爱情的探讨，在不作道德评判的基础上排除了纯粹的性欲，即没有爱情的性欲，因为这与我们探讨的目的无关。

进化论者会认为，爱情自性爱衍生，是古老的生物冲动在后期发展出的一种复杂的产物。但是，我们千万不要以为，个人的爱情发展也一定是这样。也许，有些人开始时对女性只有纯粹的性欲，后来发展至"坠入情网"，但我怀疑这是否具有普遍性。通常，人对所爱的对象首先只是一种兴奋的迷恋——对她整个人的总体迷恋，不特别对某一方面感兴趣。这种状态下的男人其实没有闲暇考虑性，他过于忙着想一个人。对方是女人，远不及她就是她自己重要。他充满着渴望，但这种渴望也许不是性渴望。你若问他想要什么，真实的回答往往是："继续想她。"他是爱的沉思者。后来，当真正的性成分被唤醒时，他不会认为（除非受科学理论的影响）这一直是自己迷恋她的根源。他更可能觉得，早在爱情的潮水上涨之前，普通的性欲就已经是他沙滩上的一个小水洼。爱情的潮水到来之后，冲垮了众多的沙丘，堆起了很多岩石，形成了岛屿，现在，又在另一波浪潮的推动下，终于成功地淹没了自己天性中的这个部分。爱情就像一位侵略者，进驻他的心中。侵略者逐个接管、重组被征服国家的机构;爱情在触及他的性之前,可能已经接管了他的很多方面,无疑也会对他的性进行重组。

乔治·奥威尔[①]以最简洁、最准确的方式道出了这种重组的性质。奥威尔本人并不喜欢这种重组,他更喜欢性欲保持在自然状态,不受爱情的污染。在小说《1984》中,那位可怕的男主角在与女主角做爱之前,要求对方消除自己的疑虑,问道:"你喜欢干这事吗?我指的不只是和我,是指这事本身。"直到对方回答说"我非常喜欢",他才感到满意。(比起奥威尔的杰作《动物农场》中那些四足的角色,他是多么没有人性!)这段简短的对话解释了爱情的重组:没有爱情的性欲追求的是**它——这事本身**,而爱情追求的是爱的对象。

这事是一种感官的快乐,即发生在一个人肉体上的事。在谈一个贪欲的男人徘徊街头、寻花问柳时,我们说他"想要女人"。我们的说法极不恰当。严格地说,他想要的恰恰不是女人,他想要的是一种快乐,而女人恰巧是这种快乐必需的工具。从他享受完这种快乐五分钟后对待女人的态度,我们可以判断他对女人本身喜欢的程度(烟抽完了,便

---

① 乔治·奥威尔(George Orwell, 1903—1950),英国小说家、散文家、评论家,以小说《动物农场》和《1984》著名。

把烟盒丢掉)。爱情使男人真正想要的不是女人,而是一个具体的女人;爱者渴望的是爱的对象本身,而不是她能给予的快乐。这种渴望虽不可思议,却毋庸置疑。世界上没有一个人寻求心爱的女人的拥抱,是因为他作过比较(不管这种比较是怎样地无意识),知道她的拥抱比其他的女人更舒适。即使他考虑过谁的拥抱更舒适的问题,无疑,他认为答案仍和现在一样。但是,一旦考虑到这个问题,他就彻底地走出了爱情的世界。就我所知,唯有卢克莱修考虑过这个问题,他当时无疑没有爱上任何人。听听他对这个问题的回答很有意思。这位严肃的酒色之徒认为,爱情实际上会妨碍性快乐,感情令他分心,使他不能以冷静和评判的态度去品味性快乐。(卢克莱修是位伟大的诗人,可是,"天哪,这些罗马人真是禽兽不如!")

读者会注意到,爱情就这样奇妙地将最典型的需求之乐转变为最大的欣赏之乐。需求之乐的本质在于,它让我们只看到对象与自己的需要(哪怕是暂时的需要)相关的方面。但是在爱情中,需要愈强烈,对象自身就愈值得渴慕,其重要性远远超出了她与爱者的需要之间的关系。

倘若没有亲身经历,只借助逻辑推理,我们可能不敢想象,渴望一个人与渴望这人给予的快乐、温存、服务不同。这确实很难解释。情侣说他们想把彼此"吞下",就是在极力表达他们的一部分渴望(所表达的有限)。弥尔顿进一步表达了这种渴望,他想象天使类的造物拥有光质的身体,能够彻底穿透彼此的身体,而不是像我们这样只能拥抱。查尔斯·威廉姆斯说"爱你?我**就是**你"时,也表达了一点类似的含义。

没有爱情,性欲就像其他欲望一样,只关系到我们自己;有了爱情,性欲就关系到爱的对象。在爱情中,性欲几乎变成了一种感知方式,完全成了一种表达方式。它给人一种客观的感觉,仿佛是外在真实世界中的一件东西。所以,爱情虽为一切快乐之首,(在巅峰时)却总有视快乐为副产品的架势。考虑快乐就会使我们陷回自身,陷回到自己的神经系统之中。它会扼杀爱情,正如将最美丽的山景移至视网膜和视觉神经中,会"扼杀"风景一样。说到底,这快乐究竟是谁的快乐?我们无法区分,因为爱情的首要任务之一就是消除给予与接受的差别。

到目前为止,我一直尽量只作描述,不作评价。但是,一些道德问题不可避免会出现,我不应该隐瞒自己的观点。以下是我个人的看法,绝非断言,有待更好的人、更好的情侣、更好的基督徒予以指正。

过去人们普遍认为,今天很多思想幼稚的人也许仍然认为,爱情对灵性的危害几乎完全来自它里面的肉欲成分。

性爱的成分越少，爱情就越“纯洁”、越“高尚”。以前的道德神学家无疑认为，婚姻中必须防范的危险主要是对感官的妥协，它会毁灭人的灵魂。但是你会看到，这并非圣经的观点。圣保罗虽然劝信徒不要结婚，但丝毫没有提到性爱会危及人的灵魂，倒是劝已婚的人不要长期节欲，以免撒旦趁人情不自禁来引诱(《哥林多前书》7:5)。他担心的是信徒迷恋婚姻，需要不断地“叫”伴侣“喜悦”(即考虑到伴侣)，以及居家生活中种种让人分心之事。可能妨碍我们始终不渝地侍奉上帝的，是婚姻本身，而不是床笫之欢。圣保罗应该没错吧？根据我的经验，(无论是否结婚)最让人分心的，是生活中那些实际的、需要慎重考虑的事务，甚至是极微小、极平凡的事务。对我而言，干扰祷告的往往不是激情或欲望，而是对下一刻的事需要作出的小小的决定，以及由此产生的隐隐的焦虑。它们笼罩在你的心头，像蚊虫一般，让你心烦意乱。婚姻对人永久的、巨大的诱惑不在声色之欢，(坦率地说)在于贪婪。我非常尊敬中世纪的那些导师。但是不要忘记，他们都是修士，可能不知道爱情对性欲的影响，不知道爱情非但不会加剧，反而会削弱纯粹性欲那种纠缠不休、让人上瘾的特性。爱情不是简单地通过满足性欲做到这点。在不减少欲望的同时，爱情使节欲实行起来更容易。毫无疑问，爱情往往会导致对所爱对象的迷恋，这种迷恋确实会妨碍灵性生活，但这种迷恋主要不是对肉体的迷恋。

我相信，就整体而言，爱情给灵性带来的真正危险潜伏于别处，这点我会在后面谈到。眼下我想谈谈，我认为性爱尤其在今日社会可能面临的危险。在这个问题上，我不是与整个人类意见相左（远远没有到这种地步），而是与人类很多极其严肃的代言人有分歧。我相信，现在大家都倾向于把性爱看得过于严肃，至少是抱着一种错误的严肃态度。我这一辈子不断看到人们将性荒谬、异常地严肃化。

一位作家告诉我们，性爱在整个婚姻生活中应该以“一种庄严神圣的格调”反复出现。有一个年轻人非常欣赏一部小说，当我称之为“色情书籍”时，他很惶惑，说：“色情书籍？怎么可能？它对性的讨论很严肃。”听他的口气，仿佛板着面孔就可以保证道德上永无过失。如今，“血柱”学派——那些崇尚性本能的人，在认真地尝试恢复类似原始宗教中的生殖器崇拜。我们最色情的广告用专注、热切、入迷的虔诚语言来描述性，却很少提及快乐。心理学家告诉我们，夫妻之间性的完全协调无比重要，同时又告诉我们，这种协调又绝不可能达到，弄得我们无所适从。我敢说，现在有些年轻夫妇在行房事时，床头四周都摊放着弗洛伊德、克拉夫特-埃宾、[1]哈夫洛克·艾里斯[2]和史托普斯博士[3]的全套著作。快乐的老浪子奥维德对性爱从来既不等闲视之,也不小题大做,与那些心理学家相比,他的看法反而可能更正确。人类对性爱的严肃化已经荒谬之至,现在我们最需要的,是对性爱报以老式的哄堂大笑。

对此,有人可能会说:可是,性爱**确实是**严肃的。没错,性爱从四个角度看都是严肃的。首先,从神学角度。性爱是肉体在婚姻中的参与,而上帝选择婚姻作为人与他合一的神秘象征。第二,性爱可谓是一种次基督教的(sub-Christian)、异教的、自然的圣礼,是人对自然的生命力和繁衍力——天父与地母的联姻——的分有与表现。第三,从道德角度。性爱涉及种种责任和义务,为人父母和祖先是极其严肃的事。最后,性爱(有时候,但不是总是)表明,双方对彼此的感情付出是非常严肃的。

可是,饮食也是一件严肃的事。从神学角度看,它是圣餐的载体;从道德角度看,我们有责任向饥饿的人提供饮

---

① 克拉夫特·埃宾(Richard Freiherr von Kraft-Ebing, 1840—1902),出生于德国的神经精神病学家,早期的性病理心理学家。

② 哈夫洛克·艾里斯(Havelock Ellis, 1859—1939),英国散文家、医生,从事人类性行为的研究。

③ 史托普斯(Marie Stopes, 1880—1958),英国节制生育的提倡者。

食;从社会角度看,自远古时代起餐桌就是人类交谈的场所;从医学角度看,所有消化不良的人都知道其严肃性。但是,就餐时我们不会带上蓝皮书,我们在餐厅的举止也不同于上教堂,最有可能这样做的人不是圣徒,而是品尝家。此外,动物对食物一向也很看重。

对性爱,我们不可以彻底严肃。实际上,彻底的严肃必然会戕害人性。世界上每一种语言和文学中都充满了性笑话,这绝非无缘无故。也许,多数的性笑话都无聊乏味或令人恶心,几乎所有的性笑话都很陈腐,但是,有一点我们必须肯定,即,从长远来看,它们体现的对性爱的态度对基督徒生活的危害,要远远小于对性爱敬虔的严肃。我们千万不要试图在肉身中寻找绝对。将嬉戏、笑声逐出婚床之外,你可能会招来一位假女神。她比希腊人的阿芙洛狄忒①更虚假,因为希腊人即使在崇拜她时,也没忘记她"爱笑"。大多数人相信,性爱是个半喜剧性的神灵,这是完全正确的。我们的爱情二重奏根本不必像特里斯坦和伊索尔德那样,非得唱得那般扣人心弦、心碎欲绝、地老天荒;我们要常常像帕帕基诺和帕帕基娜②那样欢快地歌唱。

---

① 希腊神话中爱与美的女神,相当于罗马神话中的维纳斯。

② 莫扎特的歌剧《魔笛》中的一对情侣。

性爱只是偶尔表现为严肃，倘若我们对这种严肃信以为真，就会遭到她可怕的报复。报复的方式有两种，托马斯·布朗爵士[①]对其中一种作了极其滑稽的说明（虽然他无意于滑稽）。他说，性行为是“聪明人一生中最愚蠢的行为。当他冷静下来，想到自己竟然干出这样一桩莫名其妙、毫无价值的傻事时，真是懊丧无比。”可是，倘若在性行为发生之初，他不那么郑重其事，他就不会这样“懊丧”；倘若他的想象力没有被误导，“冷静”也绝不会让他对性行为如此地厌恶。性爱还有一种比这更可怕的报复方式。

性爱本身就是一个爱嘲弄、爱恶作剧的神灵，与其说像神，不如说更像小精灵，把我们当作嘲弄的对象。在一切外在条件具备时，她让情侣双方或其中一方性趣了无；而当一切公开的行动都无法进行，甚至连交换眼神都不可能时（如，在火车上、商店里、没完没了的宴会上），她却发起猛攻；一小时后，当时间、地点合适时，她早已神秘地撤退（也许只从一方那里撤退）。这给那些将她奉若神明的人带来多少烦恼！引起多少怨恨、自怜和怀疑！使多少人虚荣心受伤！产生多少“挫折感”（这是当今时兴的话题）！聪明

---

① 托马斯·布朗爵士（Sir Thomas Brown，1605－1682），英国作家兼医生。

的情侣一笑了之。这一切不过是性爱游戏——一场随机应变的游戏——的环节，无论躲闪、摔跤、迎面相撞，都应当作嬉戏。

像其他欲望一样，肉体的欲望毫无掩饰地显露了它与尘世因素（如，天气、健康、饮食、消化、血液循环等）的联系。像爱情这样如此崇高、如此明显超越的感情，竟然与肉体的欲望不协调地捆绑在一起，这不由地令我想到这是上帝对人类开的一个玩笑。在爱情中，我们有时候似乎飘飘欲仙，这时性爱会突然抖动绳索，让我们想起自己不过是只被拴紧的气球。性爱不断地证明了这一真理，即我们是混合的受造物，是理性的动物，一方面近似天使，另一方面又近似禽兽。无法接受玩笑是件很糟糕的事，无法接受上帝开的玩笑就更糟糕。我敢保证，上帝开的玩笑需要我们付出代价，但也会使我们受益无穷。这点谁会怀疑？

自古以来，人类对身体的看法分为三种。第一种是禁欲的柏拉图主义者和费希尔[①]这类的基督徒的看法。柏拉图主义者称身体为灵魂的牢笼或“坟墓”。费希尔视之为“臭皮囊”、虫子的食粮，污秽而可耻，只会给坏人带来诱惑，

---

① 费希尔（John Fisher，1469－1535），英国人文主义者、主教、殉教者。

给好人带来羞辱。第二种是新柏拉图主义者(他们很少懂希腊语)、裸体主义者和崇尚性本能之人的看法。他们认为身体是崇高的。第三种看法用圣方济各[①]的话来说就是,身体是我们的“驴兄弟”。这三种看法可能都有道理(对此,我不太确信),但我接受的是圣方济各的观点。

称身体为驴极其恰当,因为每个大脑正常的人都不会尊敬驴,也不会憎恨驴。驴这种牲口结实、可爱、有耐心、对人有用,但也懒惰、执拗、惹人动怒;有时候该受棍棒之罚,有时候又该受胡萝卜之赏;它的美既悲怆感人又滑稽可笑。身体也是如此。身体在生活中的作用之一便是扮演小丑的角色,认识不到这点,我们对它就不能忍受。在某种理论将人们的思想变得复杂之前,世界上男女老少都知道这点。人有身体,这是有史以来最古老的玩笑话题。爱情(像死亡、素描、医学研究一样)也许偶尔促使我们十分郑重地对待身体,我们若由此得出结论:爱情始终要求我们这样对待它,爱情永远排斥了笑话的成分,便是错误。事实并非如此。从我们认识的那些幸福的情侣脸上,我们可以清楚地看到这一点。只要他们的爱情不是太短暂,在爱情的身体

① (阿西西的)方济各(Francis of Assis,1181 或 1182－1226),天主教方济各会的创始人,13 世纪初教会改革运动的领导人。

语言里，情侣们都能反复体会到喜剧、嬉戏，甚至插科打诨的成分。身体若不这样，就会处处妨碍我们。在爱情这曲戏中，身体是次要情节，或者说，是滑稽的客串。它通过恣意的打闹，来模仿灵魂以庄严的形式演出的内容。它的笨拙若不能体现为给这曲戏增添怪诞的魅力，作为一件乐器，它便过于笨拙，无法演奏爱情的音乐。（因此，在以前的喜剧中，男女主角诗情画意般的爱情立即会有粗俗的爱情来效仿、烘托。如，男女仆人之间的爱情，小丑试金石和乡村姑娘奥德蕾①之间的爱情，等等。）没有最低者，最高者便站立不住。有时候，肉体自身确实有很高的诗意，但是，恕我直言，它也有不可抹灭的固执、滑稽、非诗意的成分。这个成分此时不现，彼时定现。将它作为滑稽的调剂坦坦荡荡地安放在爱情的戏剧里，远胜于假装没有注意到它的存在。

因为我们确实需要这种调剂。肉体既有诗意的一面，也有非诗意的一面；性爱既有严肃的一面，也有轻浮的一面；既有庄重的激情，也有熊熊的欲火。将快乐推至极致，它会像痛苦一样使人崩溃。双方的合一只能以肉体为媒介，而肉体——彼此独立的身体——又使得合一永远无法实现，因此，对这种合一的渴望可以具有形而上的追求的伟

---

① 莎士比亚的戏剧《皆大欢喜》中的角色。

大性。多情和悲伤同样可以让人流泪，然而，性爱对自己的对象并非总是“紧追不舍”。可是，正因为她有时候会“紧追不舍”，所以对待她，我们才应该始终保留一丝玩笑的成分。自然事物在显得最为神圣时，距离变成魔鬼只有一步之遥。

这种拒绝对性爱的完全投入——在性爱只呈现严肃的一面时，仍不忘她的轻浮——与性爱强烈时在大多数情侣中（我相信，不是在所有的情侣中）唤起的一种特定的态度尤为有关。性行为会引发男人一时变得极其专横，像征服者或掠夺者那样居于统治地位，相应地，女人则处于极其屈从、顺服的地位。因此，有些性爱呈现出粗鲁、甚至野蛮，“情人的掐捏既疼，又令人神往。”心智健全的情侣如何看待这点？基督徒夫妇允许这种现象存在吗？

我认为，在一种条件下这是健康无害的。我们必须认识到，性爱与我前面提到的“异教在性方面的圣礼”有关。我们注意到，在友爱中每个人只代表他自己——一个偶然的存在。但是在性爱中，我们不仅仅是我们自己，我们还充当代表，有一些比我们更古老、更集体性的力量在我们身上运行。意识到这点，非但不会减损性爱，反而使之更加丰富。世界上一切阳刚之气和阴柔之美、一切攻击性和回应性的因素都暂时聚集在我们之中，男人确实扮演着天父的角色，女人扮演着地母的角色，男人充当形式，女人充当质料。但是,我们务必要赋予**扮演**一词全面的含义。当然,双方都不是在伪君子的意义上"扮演角色",而是在(从一个极端来说)类似于神秘剧或宗教仪式、(从另一个极端来说)类似于化装舞会或字谜游戏中扮演角色。

一个女人若将这种极度的顺服视为纯粹出于自己,她就是在拜偶像,将只应属于上帝的东西献给了一个男人;一个男人若僭越了性爱暂时赋予他的那种统治权,将它归为已有,他必定是浪荡公子中的浪荡公子,是个亵渎者。但是,不能合法地让予或索取的东西,却常常被合法地行使。在这场仪式或戏剧之外,男女双方是两个不朽的灵魂,两个生而自由的成年人,两位公民。在有些婚姻中,男人在性行为中的主宰地位得到绝对的认可和维护,我们若因此认为,在整个婚姻生活中,他也很可能占支配地位,那就大错特错了。实际情况更可能相反。但是,在性爱这场仪式或戏剧中,他们变成了男神和女神,相互之间没有平等可言,他们的关系是不对称的。

性行为往往被认为是人类一切活动中最真实、最坦诚、最无掩饰的活动,而我竟然在其中看到仪式或化装舞会的成分,有人对此感到奇怪。人在赤身裸体时岂不是最真实的吗?从某种意义上说,不是。"裸体"这个词(naked)原本是过去分词,裸体的人已经经历了一个脱衣,即去壳、削皮

(这两个动词用于坚果和水果)的过程。远古时代,在我们祖先的眼中,裸体的人不是自然的人,而是不正常的人;不是自己选择不穿衣服,而是因为某种原因脱下了衣服。裸体突出了共同的人性,掩饰了个性。这是一个显而易见的事实,在男浴室里,每个人都可以明白这点。从这个角度说,穿上衣服时,我们才是“更真实的自己”。裸体时,做爱的双方不再仅仅是自己——约翰和玛丽,他们更代表普遍的男性和女性。你几乎可以说,他们穿上赤裸,作为仪式的礼袍或字谜游戏的服装。这是因为,我们仍需提防以错误的方式表现出严肃,这种严肃千万不可超出在做爱中参与异教的圣礼时的严肃。天父本身只是异教想象中的一个远比宙斯伟大、远比男人有阳刚之气的人物,生命有限的男人连天父也不是,所以,不可能真正披戴他的王冠,只配戴锡纸做的仿制王冠。我称男人戴的王冠为仿制品,绝无鄙视之意。我喜欢仪式,喜欢私下的戏剧表演,甚至喜欢字谜游戏。纸做的王冠有其合法的用途,(在适当的时候)还有其正式的用途,(“倘若有想象力加以弥补”)比起一切世俗的封号来,至少不太逊色。

在谈及异教的圣礼时,我不敢不转至另外一面,以防将它与一个远为高深的奥秘混淆起来。正如自然在短暂的性行为中为男人加冕一样,基督教的律法也在婚姻这种永久的关系中为他加冕，赠与他(我是否应该说强加于他?)某种“领导权”。这是一种截然不同的加冕礼。正如我们很容易过分看重性爱这个自然的奥秘一样，我们也很容易过分看轻基督教的这个奥秘。基督教作家(尤其是弥尔顿)在谈起丈夫的领导权时，有时候沾沾自喜，令人不寒而栗。我们必须回到圣经。丈夫是妻子的头，其前提是，他对待她要像基督对待教会那样，他应该像基督爱教会那样爱她，为她舍命，因为基督**为教会舍己**(《以弗所书》5:25)。这种领导权不是充分体现在人人都想做的那种丈夫身上，而是体现在婚姻对他来说酷似在十字架上受难的丈夫身上。这种人的妻子得到的最多，付出的最少，最不配接受他的爱，而且，就其自身的本质而言，最不可爱。因为，教会除了新郎[①]赋予她的一切外，没有任何美丽之处，新郎不是发现她可爱，而是使她变得可爱。我们不是在男人婚姻的幸福中，而是在它的不幸中，在好妻子的疾病痛苦或坏妻子的过失中，在他不倦的照料(他从不以此炫耀)或无尽的宽恕(是宽恕，而非默认)中，见证到这个可怕的加冕仪式。正如基督从骄傲、狂热、冷漠、不完美的尘世教会身上，看到有朝一日会变得纯洁无瑕的新娘，并为之努力一样，拥有基督那样领导权的

① 基督教认为基督是教会的新郎，教会是基督的新娘。

丈夫(上帝不允许他有别样的领导权)也从不绝望。他像国王科菲图阿[①]一样,历经二十年后,仍然希望他挚爱的乞丐女有朝一日学会讲真话、爱清洁。

这并不是说,缔结一起含有这类不幸的婚姻有何美德或智慧。寻求不必要的殉道、有意追求迫害,毫无美德或智慧可言。然而,正如那些受迫害、殉道的基督徒最明确地体现了主耶稣的风范一样,丈夫的领导权(倘若他能够保持)也是在这些可怕的婚姻中最具备基督的样式。

最坚定的女权主义者也不必对男性在异教或基督教的婚姻中被授予这种冠冕耿耿于怀,因为一个冠冕是纸做的,另一个是荆棘编成的。[②] 真正的危险不在于丈夫们可能会急不可待地想得到后者,而在于他们允许或强迫妻子篡夺它。

现在,我要从讨论爱情中的肉欲成分——性爱,转向讨论爱情整体。在此,我们会看到同样的模式再度出现。正如爱情中的性爱并非真正以快乐为目的,爱情也同样不以幸福为目的。我们也许会这样以为,但是在接受考验时,爱情证明的恰恰相反。大家都知道,要想拆散一对恋人,靠竭

---

① 传说中的一位非洲国王,爱上了一位女乞丐。

② 影射耶稣在受难前被戴上荆棘冠冕。

力证明他们的婚姻不会幸福是徒劳的。这不仅是因为他们不相信(毫无疑问,他们往往不相信),即使相信,他们也不听劝阻。因为在心中有爱时,宁愿与心爱的人分担不幸,也不愿意在其他条件下享受幸福,正是爱情的标志。一对恋人,即便成熟而有经验,知道破碎的心灵最终会愈合,也能够清楚地预见,只要铁下心肠熬过眼下分离的痛苦,往后十年几乎肯定比现在结婚要幸福,他们也依然不肯分离。这一切的权衡算计都不能影响爱情,正如卢克莱修冷静的、非人性的评判不能影响性爱一样。即便一个人非常清楚地看到,与心爱的人结婚不可能导致幸福,婚姻给他带来的只能是:照顾无法治愈的残疾人,一生穷困潦倒,颠沛流离,含羞忍辱,爱情也始终毫不犹豫地说:"我宁愿这样也不愿分离,宁愿有她而痛苦,也不愿没她而幸福。只要两颗心在一起,心碎也愿意。"我们内心的声音若不这样说,那就不是爱情的声音。

这是爱情的伟大之处,也是爱情的可怕之处。但是请注意,像前面提到的性爱一样,这种伟大也有一种戏谑的成分与之相随,爱情同样是无数笑话的主题。即便一对情侣的处境非常悲惨,任何一位旁观者见到,都忍不住潸然泪下,他们自己在贫乏之中、在医院的病房里、在监狱探视的日子里,有时候却能够意外地从自我解嘲中感受到一种快乐。这种快乐在旁观者(而非他们自己)看来,真是伤心之至。我们若以为嘲笑一定是敌意的,那就大错特错了。除非有了孩子作为嘲笑的对象,否则,情侣们会不断地彼此解嘲。

爱情的伟大中潜伏着危险。爱情一向以上帝的口吻说话。他全身心地投入,将幸福置之度外,超越对自我的关注——这些听起来仿佛是来自天国的消息。

然而,就其本身而言,这不可能是上帝的声音。因为,尽管以那样伟大的口吻说话,表现出那种自我超越,爱情仍然是既可能趋向善,也可能趋向恶。如果我们认为,比起导致忠实、成功的基督教婚姻的爱情来,导致犯罪的爱情在品质上永远要低劣——更具动物性或相对微不足道,那就太肤浅了。因为爱而残酷地虐待伴侣,发假誓骗婚,甚至相约自杀或谋杀对方,这种爱不大可能是飘忽不定的情欲或懒散的感情。它极有可能是爱情,至真至诚,具备了爱情的一切伟大之处,只要不放弃爱的对象,乐意作任何牺牲。

历史上一直有一些学派,他们认为爱情的呼唤确实是超世俗的,其要求是绝对的,并极力为这种绝对性辩护。柏拉图会说,“坠入情网”是两个灵魂在尘世的相认,这两个灵魂先前在天上时,就已经被挑选出来,彼此配对,遇见所爱的人就是意识到“在出生之前我们就已经相爱”。作为比喻来表达情侣们的感受，柏拉图的说法确实很美妙，但是，若按字面意思来理解，我们就会面临一个尴尬的结果。我们将不得不得出这样一个结论：在天上那个已经被遗忘的生活中，事情的安排并不比尘世高明。因为，爱情可能让最不合适的人结为配偶，很多不幸的（事先就可以预见到不幸的）婚姻是恋爱婚姻。

今天，更有可能为人们接受的理论，是所谓萧伯纳的浪漫主义（萧伯纳本人或许会称之为“超生物学的”浪漫主义）。根据这种理论，爱情的呼唤是生命力，即“进化的欲望”的呼唤。生命力令一对情侣如醉如痴，为的是替超人寻找父母（或祖先）。它既不考虑他们个人的幸福，也不考虑道德规范，因为它另有目的：使人类这一物种趋向完美。在萧伯纳看来，这个目的远比个人的幸福、道德规范重要。但是，如果这个理论是正确的，它却没有清楚地告诉我们，是否应该遵从这种生命力；如果应该遵从，原因何在。迄今为止，对超人形象的一切描绘都令人退避三舍，人们完全可能当即发誓独身，避免冒险生出这样的超人。其次，这种理论必然会导致这样一个结论，即，这种生命力并不太明白它（他或她）自己所从事的事业。据我们所知，两个人之间存在爱情，或两个人的爱情热烈，并不能保证他们的后代特别令人满意，甚至不能保证他们会生育出后代。决定生出优秀儿女的，是两脉优良的“血统”(牲畜饲养人所说的“血统”),而不是一对亲密的情侣。无数个世纪以来,儿女的生育很少取决于双方的爱情,倒是在很大程度上取决于别人安排的婚姻、奴隶制和强暴。在这漫长的世代中,生命力究竟在干什么?难道它刚刚才萌发了改良人种这个美妙的念头吗?

无论柏拉图式的还是萧伯纳式的爱情超越主义,都于基督徒无益。我们不崇拜生命力,对先前的存在也一无所知。当爱情以最肖似上帝的口吻说话时,我们千万不要无条件地遵从,也不要无视或企图否认它类似神性的一面。这种爱确实很像**大爱**本身,在它之中确实有与上帝接近的地方(因相似而接近),但未必因此有趋向上的接近。在对上帝的爱和对世人的仁爱许可的范围内受到尊崇,爱情可能会成为我们趋近上帝的途径。爱情的全身心投入为我们的本性所固有,是我们对上帝和人应该怀有的爱的典范。正如在自然爱好者看来,大自然赋予了**荣耀**一词以内涵,爱情也赋予了**仁爱**一词以内涵。基督仿佛借助爱情对我们说:“你应该这样,以这种大度、不计代价,来爱我和我弟兄中最小的一个。”[①]当然,对爱情的有条件的尊崇,因情况而异。有些人必须彻底放弃(但不是鄙视)爱情,其他人则能

---

① 参见圣经《马太福音》25:40。

够以爱情为动力和典范，开始婚姻生活。在婚姻生活中，仅有爱情永远不够，爱情必须在更高的原则的不断锤炼和巩固下，才能够生存下去。

但是，爱情一旦受到毫无保留的尊崇和无条件的遵从，就会变成魔鬼。这种尊崇和遵从正是他所要求的。对我们自身的利益，爱情如天使般地置之度外，但如果上帝妨碍他的一切要求，他会如魔鬼般地反抗。因此，正如一位诗人所说：

恋爱之人不为善心所动，
阻拦只会增其殉道之心。

殉道这个词很恰当。几年前，我在著书论述中世纪情诗时，描述了其中奇特的、半虚幻的“爱情宗教”。当时我很无知，把这当作一种近乎纯文学现象。现在我有了更深的认识，爱情本质上就有成为宗教的倾向。在所有的爱中，达至巅峰的爱情最酷似上帝，因而也最可能要求我们去崇拜。就其本身而言，爱情总是倾向于将“恋爱”转变成宗教。

神学家们常常担心这种爱有偶像崇拜的危险。我想，他们是指情侣们可能会把对方当作偶像来崇拜。在我看来，这并不是真正的危险，在婚姻中肯定不是。婚姻生活平淡舒适、实际又亲密，产生偶像崇拜是很荒谬的。爱情几乎无一例外地以情爱的形式体现，情爱中产生偶像崇拜也是很荒谬的。我想，一个人只要曾经体验到那种对自有永有者①的渴望，哪怕是曾经梦想能够拥有这种渴望，即使在求爱中，他也不会认为心爱的人能够满足这种渴望。作为朝圣的同伴，即朋友，心爱的人拥有与你同样强烈的渴望，从这个意义上，他也许与那份渴望有关。你为此感到高兴，他也会对你有所帮助。但是，如果将他作为渴望的对象，(恕我直言)那就太可笑了。在我看来，真正的危险不在于情侣们会把对方当作偶像来崇拜，而在于他们会把爱情当作偶像来崇拜。

我当然不是说他们会为爱情筑坛，向他祷告。从大家对主耶稣的这句话——“她许多的罪都赦免了，因为她的爱多”(《路加福音》7:47)——的普遍误解中，你可以看到我说的那种偶像崇拜。从上下文，尤其从前面债主的那个比喻中可以清楚地看出，这句话的意思是：“她爱我之深，证明我赦免她的罪之大。”(主耶稣这句话中的 for 的意思，与“他不可能出去了，**因为**他的帽子还挂在门厅里”这句话中的 for 相同。“帽子在”不是人在家的原因，而是人在家的证

① 指上帝。

据。)但是,许多人对这句话却另有理解。在毫无根据的情况下,他们首先就想当然地认为,她的罪是贞洁方面的(就我们所知,她的罪可能是放高利贷、做买卖短斤缺两、虐待儿女)。于是,他们就认为,主耶稣这句话的意思是:"我赦免了她的不贞,因为她爱得如此之深。"言下之意,伟大的爱情可以为他所导致的一切行为开脱罪责,进而对这些行为差不多予以认可,最后差不多奉之为神圣。

我们若指责情侣们的某项行为,他们会说:"是爱促使我们这样做的。"这时候,请注意他们的口吻。一个人说"我因为害怕做了这事",或"我因为生气做了这事"时,口吻完全不同——这是在为一件事寻找借口,他认为这件事需要别人原谅。但是,情侣们很少这样。注意一下他们说爱这个词时是怎样地激动、近乎虔诚。他们与其说是在寻找借口,不如说是在诉诸权威,这种坦白几乎是一种炫耀,其中还可能含有蔑视的成分。他们感觉自己仿佛是在"殉道"。在极端的情况下,他们的言语所表达的其实是对爱情之神的忠诚,这种忠诚虽遮遮掩掩,却坚定不移。

弥尔顿诗歌中的大利拉①说:"在爱的律法中,这些理

---

① 弥尔顿的长诗《参孙传》中的一个人物。《参孙传》取材于圣经《士师记》,参孙是以色列的一个士师,大利拉是他的情妇,将他出卖。

由一向被视为正当。”**在爱的律法中**，这是关键所在。“在爱中”，我们有自己的“律法”、自己的宗教、自己的神祇。在真正的爱情面前，违抗他的命令就如同叛教，而（按照基督教的标准）真正的诱惑，却以爱的义务——准宗教的义务、虔诚的狂热行为——的口吻说话。在情侣心目中，爱情建立起自己的宗教。本杰明·贡斯当[①]注意到，爱情如何在数周或数月之内为情侣们创造一个遥远得仿佛无法追忆的共同过去。就像圣经《诗篇》的作者们不断地重温以色列的历史一样，情侣们也不断地带着惊奇与崇敬之心重温这个过去。这个过去其实就是爱情宗教中的旧约，记载着自远古一直到他们首次知道彼此是情侣那一刻，爱对自己所拣选的一对人的审判和怜悯。在那以后，新约开始，他们现在处在新的律法之下，活在（爱情宗教）相应的恩典之中。他们变成了新人，爱情之“灵”取代了一切律法，他们绝不可令其“担忧”。

在爱情宗教中，他们原本不敢从事的一切行为似乎都得到认可。我指的不单是或不主要是不贞洁，对外界的不公正、不仁义同样可能得到认可。两个人可能会抱着近乎

---

① 本杰明·贡斯当（Benjamin Constant，1767－1830），法国－瑞士小说家、政治家，他的《阿道尔夫》一书开现代心理小说之先河。

献身的精神对彼此说:“我拂逆父母、抛弃孩子、欺骗配偶、置患难中的朋友于不顾,都是为了爱。”在爱的律法中,这些理由一向被视为正当,爱情崇拜者甚至可能在这种牺牲中慢慢感受到一种特定的美德。在爱的祭坛上,有什么祭品比一个人的良心代价更高的呢?

这种爱情说起话来,其声音仿佛来自天国,而自身却未必能够长久。这始终是一个巨大的讽刺。在一切爱中,爱情最为短命已是臭名昭著,全世界到处都能听到人们抱怨爱情变化无常的声音。令人困惑的是,这种变化无常与他声称永恒交织在一起。既然相爱,就打算终生忠贞,也承诺终生忠贞。爱的誓言不请自来,无法阻止,男人开口发誓时差不多都说:“我会对你忠贞不渝。”这几个字并非出于虚伪,而是出于真心,任何经历都不能使他摆脱这种幻想。我想,大家都听说过一些人,他们每隔几年就会恋爱一次,每次都真心地相信“**这**次是真正的爱情”,心灵不再漂泊,自己找到了真爱,对他/她会至死不渝。

然而,从某种意义上说,爱情这样承诺是对的。坠入情网本身的性质就决定了拒绝接受爱情的短暂并不为错。纵身一跃,爱情就翻越了自私这堵厚重的高墙,使欲望本身变成利他的,将个人的幸福置之度外,而将另一个人的利益置于自己生命的中心。我们不费吹灰之力,自发地履行了爱人如己的律法(虽然只是对一个人)。这是一个榜样,一次预尝,如果我们让**大爱**占住我们的心,没有其他东西与他争竞,我们对所有人一定都能够做到爱人如己。恰当地加以利用,坠入情网甚至可以为此做准备。单纯地恢复到以前的状态,“跳出”情网,是一种**反救赎**(disredemption,倘若我可以造这个恶心的字眼的话)。爱情被逼去作出他自身无力兑现的承诺。

我们能够一辈子活在这种无私的自由之中吗?一星期都几乎不可能。即便在最好的情侣之间,这种崇高的境界也是时断时续。正如皈依宗教之后会出现的那样,过去的自我很快就会证明,它并非像假装的那样是一具僵尸。无论在宗教皈依还是在爱情中,过去的自我都可能暂时被彻底击倒,但是,他会很快起身。倘若不是站起来,至少是撑起胳膊;倘若不是吼叫,至少会恢复以前无礼的抱怨或乞求的哀鸣。而性爱也往往会退回至纯粹的肉欲。

但是,一对夫妇如果“理智、有修养”,这种退步就不会对他们的婚姻造成破坏。那些婚姻肯定会受到威胁、甚至有可能遭到毁坏的夫妇,都是将爱情当作崇拜的偶像,认为爱情拥有神祇的力量,像神祇一样信实。他们期望感情替他们尽一切应尽的义务,而且永远替他们尽义务。这种期望一旦落空,他们就责备爱情,更多的时候是责备伴侣。其实，爱情在立下山盟海誓、让你偶尔一瞥其中的美景之后，便“完成了自己的分内事”。他像教父教母一样，立下誓言，实现誓言的任务则落到我们头上。我们必须努力，使自己的日常生活与那偶尔的一瞥所见的美景日趋一致。在爱情消逝后，我们必须承担起爱情的工作。这是所有好情侣都明白的，尽管那些不习惯深思或不善言辞的人只能用几句老生常谈来表达，如，“是好是歹一起承受”，“不抱太高的期望”，“讲究点实际”等等。所有好的基督徒情侣都知道，这听起来简单，做起来却不容易，只能借助谦卑、仁爱和上帝的恩典。他们也知道，这其实是整个基督徒生活在一个特定角度的反映。

像其他的爱一样，爱情就这样揭示了他真实的地位，只不过因为他更有力、更甜蜜、更可怕、显得更高雅，所以，这种揭示更引人注目。爱情单凭自己不能有所作为，但是，若想保持爱情的本色，他就必须有所作为。爱情需要帮助，因而也需要加以规范。不服从上帝，爱情之神不是死亡，就是变成魔鬼。倘若在不服从上帝时，爱情无一例外地死去，倒也罢了。问题是，他可能会活下去，将两个相互折磨的人无情地拴在一起。双方都因为爱恨交织而遍体鳞伤；都贪婪地想要获取，却坚决拒绝付出；充满嫉妒、猜忌和怨恨；都力争占上风，决意要自由，却不允许对方自由；靠“吵架”度日。

读一读《安娜·卡列尼娜》，不要以为这类事情只发生在俄国。情侣们惯用的那种夸张——恨不得一口把对方“吞下”——可能近乎事实，令人不寒而栗。

仁　爱

威廉·莫里斯[①]曾写过一首诗，题目叫“爱即足够”，据说有人写了一个简短的诗评，只有两个字：“不够。”“爱不足够”一直是本书的主题，自然之爱不能够自足，纯粹的感情要想保持甜蜜，需要外力辅助。这种外力，本书一开始只是含糊地称为“修养与常识”，后来表明为善，最后表明为在一种特定关系下所反映的整个基督徒生活。

这样说并非是要贬低自然之爱，而是要指出其真正的伟大之处。说一个花园自己不会割草、除草、筑篱笆、修剪

① 威廉·莫里斯（William Morris，1834－1896），英国美术设计家、手工艺人、诗人、早期社会主义者。

果树，绝无贬低之意，花园是好，但它的好不在这些方面。花园只有在有人替它做这些事时，才能够保持是座花园，而不沦为荒野。它真正的美是截然不同的一种美。花园需要不断的除草、修剪，恰恰证明了它的这种美。花园生机盎然，光彩夺目，散发出天国的芬芳。夏日里，它每时每刻展现的多彩多姿，是人类永远无法创造，甚至凭自己无法想象的。你若想比较花园与园丁的贡献，只需要将花园中最普通的一株草与园丁的锄头、草耙、剪刀、除草剂摆放在一起。你在一边看到的是美丽、生机和多产，在另一边看到的却是死的、没有繁殖力的东西。同样，与爱的温暖宜人相比，我们的“修养与常识”也显得暗淡、毫无生气。即使在花园的美丽达到极致时，园丁对这份美丽的贡献与大自然的贡献相比，在某种意义上说，仍然微不足道。没有从土地迸发出的生命，没有自上天而来的雨露、阳光和热量，园丁无能为力。即便竭尽全力，他也不过是在这里那里作了些增减，而那些力量和美丽却另有源头。园丁的贡献虽小，却花费了大量的心血，同样不可或缺。上帝开辟伊甸园时，派亚当看守它，又将亚当置于自己的管理之下。上帝在开辟人性这座花园，让各种爱在其中生长、开花、结实时，他派我们的意志去对其进行“修剪”。与这些爱相比，我们的意志干枯又冷漠。倘若上帝的恩典不像雨露、阳光那样降下，意志便达不到它的目的，但是，它的辛勤劳动(在很大程度上，起抑制的作用)是不可或缺的。如果说，这座花园在还是乐园的时候，尚且需要意志的工作，那么今天，当土壤已经酸化，最恶的毒草似乎生长得最为茂盛时，意志需要额外付出多少的努力呢？上天不容，我们不能抱着道学先生和禁欲主义者的心态去工作。在砍剪时我们十分清楚，我们砍剪的对象非常了不起，充满着光辉与活力，这是理性的意志自身永远不能给予的。让这种光辉充分地散发出来，让它彻底地实现自身，让花园长出参天大树而不是盘根错节的低藤，让它结出甜美的苹果而不是沙果，这是我们的一部分目的。

但是，只是一部分目的，因为现在我们必须面对一个我搁置已久的话题。自然之爱可能与爱上帝相竞争，到目前为止，我们几乎没有涉及自然之爱的这个方面，现在不能再避而不谈。我之所以迟迟不谈，有两点原因。

一个原因前面已经有所暗示，对于大多数人，我们不需要从这个问题入手。这个问题很少在一开始就“切合我们的处境”。对大多数人来说，真正的竞争最初是在自我与人类的他者之间，还没有到人类的他者与上帝之间。当一个人真正的困难在于怀有尘世之爱时，将超越尘世之爱的义务强加给他是很危险的。减少对他人的爱，将此归因于自己在学习更爱上帝(实际原因可能完全不同)，这无疑很容易做到。而实际上，我们可能只是把"人性的堕落误当作上帝恩典的加增"。很多人发现恨自己的妻子或母亲并不十分困难。在一幕精彩的戏剧中，莫里亚克①刻画了其他的门徒都对耶稣的这条奇怪的诫命②感到震惊和不解，犹大③却不然，他很快就接受了。

从另外一个角度说，提前强调这种竞争也为时过早。自然之爱很容易宣称自己是神，对这种宣称，我们无须谈到竞争就可以予以驳斥。没有上帝的帮助，自然之爱甚至不能维持自身、实践自己的诺言，这点就证明了它们没有资格取代上帝。倘若没有皇帝的支持，小诸侯连在自己领地的王位都不能坐稳半载，自己境内的和平都不能维持半年，为何还要证明他不是合法的皇帝？即便为自己起见，自然之爱要想保持自身的本质，也必须甘心处于次要地位。在这个枷锁中，它们获得真正的自由；"卑躬，才更加高大"。因为，当上帝成为一个人心中的主宰时，虽然他有时候必须彻底清除它原有的一些势力，但往往也会让其他势力继续发

---

① 莫里亚克（Francois Mauriac，1885－1970），法国小说家、剧作家、诗人。

② 参见圣经《马太福音》10:36－37，耶稣说："人的仇敌就是自己家里的人。爱父母过于爱我的，不配作我的门徒；爱儿女过于爱我的不配作我的门徒……"

③ 出卖耶稣的门徒。

挥作用，通过让其服从自己的权威，第一次赋予它们的权威以稳固的基础。爱默生说过："假神离开，真神降临。"这句话不太可信，最好说："上帝降临，(也只有在此时)假神才能存留。"任其自然，假神要么消失，要么变成魔鬼。只有奉上帝之名，他们才能够安全、优美地"挥舞自己小小的三叉戟"。"一切为了爱"这个反叛的口号，实际上是爱的死刑令(只是行刑日期暂且未定)。

因为以上原因，竞争的问题被久置，但是，现在必须加以讨论。在以往任何时代(除了 19 世纪)，谈论爱的书籍自始至终都非常重视竞争问题。倘若维多利亚时代的人需要有人提醒他们"爱不足够"，以往的神学家则一直在高声疾呼自然之爱有过度的倾向。他们考虑得更多的，不是我们对人的爱太吝啬，而是我们对人的爱近乎偶像崇拜。在每一位妻子、母亲、孩子、朋友身上，他们都看到了上帝潜在的竞争对手。当然，主耶稣也看到了(《路加福音》14:26)。

有一种方法可以防止我们对人过度的爱，但我发现自己一开始就必须予以拒绝。拒绝时，我的内心很不安，因为这种方法是我在一位伟大的圣人和思想家的著作中读到的，而我从他那里获益良多，对他感恩不尽。

圣奥古斯丁(在《忏悔录》四卷十节中)描述了他的朋友内布利提乌斯之死给他带来的悲伤，这些字句至今读来仍然催人泪下。随后，他总结出一个教训，说这是一个人倾心于其他事物，没有倾心于上帝的结果。所有的人都会逝去，不要将自己的幸福抵押在可能会失去的东西上。你若希望爱带给你幸福，而非悲痛，就必须将它倾注在那位唯一永远不会逝去的爱人[①]身上。

这当然极其明智。不要将货物装在漏水的船只上，不要将太多的钱花在有一天你可能被赶出去的房屋上。对这种聪明的格言，我的反应比任何人都更本能。我向来奉行安全谨慎的原则，在一切反对爱的理由当中，“当心！这可能会给你带来痛苦”对我的天性最有吸引力。

是的，对我的天性、性格具有吸引力，但不是对我的良心。当我接受这条理由，作出相应的反应时，觉得与基督远隔千里。倘若有什么事我可以确信无疑，那就是，基督的教导绝不是要同意我天生对安全的投资和有限的责任的喜好。我想，自己身上可能没有什么比这更令他不悦的了。谁能想象，一个人会出于谨慎——因为安全性更高——而爱上帝？甚至，有谁会将这点列入爱的理由？你会抱着这种心态去选择妻子、朋友、乃至一条狗吗？早在这样算计之前，一个人就已经远离了爱的世界——一切爱的世界。与

① 指上帝。

这种算计的爱相比，不合律法、宁肯选择爱的对象也不选择幸福的爱情，更像**大爱**本身。

我认为，《忏悔录》中的这段话与其说反映了奥古斯丁的基督教思想，不如说更是他自幼接受熏陶的伟大的希腊哲学思想的残留，这段话反映的思想更接近斯多葛派的“不动情”或新柏拉图主义的神秘主义，而非仁爱。我们追随的上帝是为耶路撒冷哀哭、为拉撒路的死悲伤、爱所有的人，但也在一种特别的意义上“爱”其中一位门徒的上帝。圣保罗也丝毫没有流露出，如果以巴弗提去世了（《腓立比书》2：27），他不会像常人那样悲伤的意思，也丝毫不认为那样悲伤有何不当。对我们而言，圣保罗比圣奥古斯丁更有权威。

即使我们同意防止伤心是人类最高的智慧，请问：上帝自己预备防范措施了吗？显然没有。基督临终时在十字架上喊道：“我的神，我的神，为什么离弃我？”①

奥古斯丁提供的方法没有任何出路，其他方法也没有。不存在安全的投资。只要爱，就一定有受伤的危险，只要爱上一样东西，心就一定会痛苦，还可能破碎。要想确保你的心完好无缺，你就不要爱任何人，甚至不要爱宠物。用各种嗜好和小小的奢侈的享受将心仔细地包裹起来，避免一切

---

① 圣经《马太福音》27：46。

感情纠葛，将它严严实实地封闭在自私这副灵柩里。可是，在这副安全、黑暗、没有动静、没有空气的灵柩里，心会改变。它不会破碎，但会变得硬如铁石、麻木不仁、无法拯救。若想避免悲剧，至少避免产生悲剧的危险，唯一可供选择的方案就是进地狱。在天堂以外，唯一彻底摆脱了爱的危险与烦恼的地方就是地狱。

我相信，与最过度、最不合律法的爱相比，不期而致、自我保护的无情无爱更不符合上帝的旨意。这样做如同埋没自己的才能，其原因在很大程度上和圣经中那位将银子埋在地里的仆人相似（他对主人说“我知道你是忍心的人[a hard man]”①）。基督教导我们、为我们受苦，目的不是让我们更加关注自己的幸福，即便在自然之爱中也不是。一个人若对尘世上看得见的爱人都无法不计较得失，对他尚未看见的上帝就更是这样。我们不是靠尽量避免爱本身固有的痛苦来趋近上帝，而是通过抛开一切自卫、接受这些痛苦、将这些痛苦献给上帝，来趋近上帝。如果我们的心需要

---

① 在圣经《马太福音》25:14－30“按才受托的比喻”中，一个主人到外国去，把家业交给三个仆人。其中两位拿主人给的银子去做买卖，赚了钱，使主人的家业加增，另一位却把银子埋藏在地里，等主人回来时原封不动地交给了他，原因是他认为主人很苛刻，“没有种的地方要收割，没有散的地方要聚敛”。

破碎，如果上帝选择通过爱来让心破碎，那就破碎好了。

一切自然之爱都可能过度，这话无疑仍然是对的。**过度**(**Inordinate**)的意思不是“不够谨慎”，也不是“太多”，这个词不表示量。我们爱任何一个人可能都不会单纯地“太多”，所谓“太多”也许只是**相对于**对上帝的爱。造成这种过度的，不是我们对这个人的爱之多，而是我们对上帝的爱之少。但是，即便这点，我们也需要多做一点解释。否则，我们就会让那些做得很正确的人不安，因为他们觉得，自己爱上帝不及爱尘世的爱人热烈。所有人在任何时候都能够对上帝怀有热烈的情感，这至少在我看来很大程度上是一种理想，我们需要为此祷告，祈求上帝给予我们这样的恩赐。但是，就基督徒的责任而言，问爱谁更多(更爱上帝，还是更爱尘世的爱人?)不是在比较两种情感的强弱。我们问的实际是：面临选择时，你侍奉谁、选择谁、将谁放在首位？你的意志最终顺服于谁？

与神学家相比，主耶稣的言辞往往既激烈得多，又容易承受得多。他从没有说，我们要提防尘世的爱，以免受到伤害，但是他说，这些爱一旦阻止我们去跟随他，就应该统统被践踏在地。“人到我这里来，若不爱我胜过爱自己的父母、妻子……和自己的性命，就不能作我的门徒(‘爱我胜过爱’原文做‘恨’)”(《路加福音》14:26)，这些话掷地有声。

我们应该如何理解**恨**这个字？**大爱**本身竟然命令我们去做平常意义上是恨的事——心怀怨恨、对他人的痛苦幸灾乐祸、以伤害他人为乐，这在字面上就几乎是自相矛盾。我认为，主耶稣在这里所说的**恨**，与他对彼得说“退到我后边去吧”时，①“恨”彼得的意思相同。**恨**就是在魔鬼利用你心爱之人的口说话时，不论他的口吻如何甜蜜、哀婉，你都坚决反对，一概予以拒绝，不作任何让步。耶稣说，一个人若竭力侍奉两个主人，他就会“恶”这个，“爱”那个。这里谈论的无疑不是单纯的情感——爱与恨，而是他会忠于、赞成其中一位主人，为他效劳，却不顾另一位主人。我们再来看看上帝所说的“我爱雅各，而**恨**以扫”(《玛拉基书 1:2—3》)。在实际故事当中，上帝所谓的“恨”以扫是如何体现的？这种“恨”与我们预计的完全不同。我们当然没有任何理由认为，以扫的结局很悲惨，最终沦落为失散的灵魂。旧约无论在那个故事里还是在别处，都没有提到这类事。就我们所知，从任何一种通常的意义上看，以扫的尘世生活都比雅各幸福得多。经历了种种失望、羞辱、恐惧和丧亲之痛的是雅各，不是以扫。但是，他也拥有以扫所没有的：他是族长，延续着希伯来传统，传递着上帝赋予的使命和祝福，

① 参见圣经《马太福音》16:21—23。

成为主耶稣的祖先。看来,“爱”雅各的意思是接受雅各,让他担负很高(也很痛苦)的使命;“恨”以扫意味着,上帝认为他没有“达到理想的标准”,无力担负那个使命,上帝“拒绝”了他,没有拣选他。所以,当最亲近、最心爱的人妨碍了我们去顺服上帝的时候,作为最后一招,我们必须拒绝他们,或不再视他们为最亲近、最心爱的人。上天知道,这在他们看来足以像**恨**。我们不可按照同情心来行事,对他们的眼泪、恳求必须视而不见、充耳不闻。

做到这一点,我认为并不难,有些人认为易如反掌,有些人则认为难如上青天。对所有人来说,难的是知道何时应该表现出这种“恨”。我们的性格会蒙蔽我们。柔情温顺之人——宠爱妻子的丈夫、逆来顺受的妻子、溺爱的父母、孝顺的子女——即使在这一刻已经来临时,也不太愿意相信;而独断专行之人,稍有恃强欺弱的倾向,就会动辄相信这一刻已经到来。所以,将自然之爱置于恰当的地位,以杜绝这一时刻出现,极为重要。

从一个低得多的层次上,我们可以看到如何能够做到这点。那位即将奔赴沙场的保王党诗人[①]对自己的爱

① 指下文的拉夫雷斯(Richard Lovelace,1618－1657),英国诗人、军人、保王党人。

人说：

> 亲爱的，倘若我不更爱荣誉，
>
> 我便不会如此爱你。

对有些女人，这个借口毫无意义。**荣誉**只是男人谈论的傻话之一，是为触犯“爱的律法”（那位诗人正准备触犯这个律法）寻找的一个借口，因而罪加一等。拉夫雷斯可以放心地利用这个借口，因为他的爱人是保王党人，像他一样，已经承认了荣誉对人的要求。他无须“恨”她、坚决反对她，因为他们认可同样的律法，在这个问题上早已达成共识，彼此理解，此刻在面临抉择时，他不需要转变她的观念、让她相信荣誉至上。当比荣誉远远重要的东西面临危险、需要我们付出时，这种事先的共识尤为必要。事到临头才告诉妻子、丈夫、母亲、朋友，自己对他们的爱一直暗地有所保留——必须在“上帝之下”或“在上帝允许之下”，那就为时已晚。你应该事先提醒。毫无疑问，不是明确地提醒，而是通过无数次的谈话暗示，通过很多小小的决定所体现的原则提醒。实际上，你应该尽早让对方知道，彼此在这个问题上存在真正的分歧，以免婚姻或友谊产生。无论是最幸福的婚姻还是最真挚的友谊，都不是盲目的。奥利佛·埃尔顿[1]在谈到卡莱尔[2]和穆勒[3]时说，二人对正义的看法有分歧，这种分歧“对于任何真正的友谊来说”必然都是致命的。如果所爱之人的态度中暗含着“一切为了爱”（名副其实的“一切”），那么，他的爱就不值得拥有，因为他没有摆正自己的爱与**大爱**之间的关系。

这就将我引到了本书必须努力攀登的最后一道悬崖之下，我们必须尽量将人类的爱与**大爱**（即上帝）之间的关系进一步准确地描述出来。当然，这种准确只是就模式或象征而言，从长远来看，肯定是不准确的。即便在我们使用这种模式之时，我们也需要其他模式予以纠正。最卑微的人，处于恩典之中，也会对**大爱**本身有一些“由熟悉而生的认识”，对**大爱**本身有所“品尝”；但是，即便最圣洁、最智慧的人，对终极存在也不可能有直接的“认识”，得到的只能是一些类比。虽然借助光我们能够看见其他事物，但是我们看不见光。同样，有关上帝的陈述都是我们从对其他事物的认识中作出的推测，因着上帝的启迪，我们得以认识这些事

---

① 埃尔顿（Oliver Elton，1861－1945），英国文学学者、翻译家。

② 卡莱尔（Thomas Carlyle，1795－1881），苏格兰散文作家、历史学家。

③ 穆勒（James Mill，1773－1836），英国哲学家、史学家、经济学家。

物。我之所以努力贬低人对上帝的认识，是因为在下面我要力求清楚（并且不过于唠叨），这可能会让你觉得我对自己的观点很自信。事实绝非如此。我若自信，便是疯子。请把下面的内容当作一个人的幻想，当作几乎是他的神话。其中若有什么对你有用，就利用好了；若没有，就别再理会它。

上帝是爱。还有，“不是我们爱上帝，乃是上帝爱我们……这就是爱了”（《约翰一书》4：10）。我们的出发点不应该是神秘主义，是受造物对上帝的爱，或是有些人在尘世生活中对上帝所赐予的果实的美妙预尝。我们必须从真正的源头，从爱作为上帝的力量开始。这种原初的爱是给予之爱，在上帝中，没有饥饿需要饱足，只有丰盛渴望给予。上帝没有创造的必要，这不是经院哲学枯燥乏味的玄想，而是最根本的一条教义。没有它，我们就很难不把上帝看作一个“管理者”，认为他的作用或本性就是“管理”宇宙，就像校长管理学校、旅馆老板经营旅馆一样。但是对上帝而言，主宰宇宙不是一件重大的事。在他自身之中，在他自己“三位一体的国度”，他主宰着一个疆域远比宇宙辽阔的国度。我们需要时刻牢记朱利安夫人①的异象，在她的异象中，上

---

① （诺里奇的）朱利安（Julian of Norwich，1342－1416以后），英格兰女奥秘神学家，所著《神恩的启示》被普遍认为是阐明中世纪宗教修养经验的重要文献之一。

帝手里握着一个小小的、类似坚果的东西，那就是“他创造的一切”。一无所缺的上帝用爱创造了纯粹不必要的造物，为的是爱他们，使他们变得完美。在创造宇宙时，他就已经预见了（是否应该说“看见”？因为对上帝而言，不存在时间）。在十字架周围成群飞舞、嗡嗡作响的苍蝇；贴在凹凸不平的木头上的皮开肉绽的脊背；穿透中枢神经的钉子；随着身体的下垂，反复出现的窒息；以及为了呼吸，一次又一次挺直身体时，脊背和胳膊反复经历的锥心疼痛。[①] 如果我可以冒昧地借用生物学的比喻，我想说，上帝是位“寄主”，他有意创造了自己的寄生物，让我们可以利用他，“占他的便宜”。这就是爱，是众爱的发明者——**大爱**本身的图解。

上帝创造了我们的天性，赋予了我们给予之爱和需求之爱。给予之爱天生是上帝的形像，因相似而与上帝接近。但是，这种接近未必是，对所有的人而言并非都是，趋向上的接近。慈爱的母亲、仁慈的君主、好心的老师可能常常表现出与上帝的相似——不断地给予，但是却没有趋近上帝一步。需求之爱，据我所见，与**大爱**（即上帝）没有任何相似之处。更确切地说，他们相关、对立，当然，不是恶与善这种

① 此处描写的是耶稣在十字架上受难的情景。

对立，而是果冻与果冻模子这两种形式间的对立。

除了这些自然之爱外，上帝还可以赐给我们一份更好的礼物。鉴于我们的思维喜欢区分和分类，你也可以说，赐给我们两份礼物。

上帝让我们分享他自己的给予之爱，这种给予之爱与他纳入我们天性中的给予之爱不同。我们天性中的给予之爱为对象谋求好处，从来不是单纯为了对象本身。它们谋求的好处不是偏向于自己能够给予的，就是偏向于自己最想得到的，要么就是符合自己为对象生活的预先规划。但是，来自上帝的给予之爱——在人身上运行的**大爱**本身——则完全是无私的，它渴望那些于对象本身最为有益的东西。此外，天性中的给予之爱总是指向他发现具有某种内在可爱之处的对象——情爱、爱情或共同的观念吸引他去爱的人；要不就是知恩图报、值得一爱的人；或是其孤苦无助能够打动他的人。但是，来自上帝的给予之爱却使人能够爱那些本质上不可爱的人——罪犯、仇敌、低能儿、麻风病者、脾气不好的人、自命不凡的人、冷嘲热讽的人。最后，上帝还通过一个极大的悖论使人能够对他产生给予之爱。人给予上帝的东西，没有一样不已经是上帝的，这句话当然有道理。既然一切都已经是上帝的，那么，你给予了什么？显然，我们可以不将自己、自己的心、自己的意志交付给上帝。从这个意义上说，我们也可以将它们给予上帝。按理说是上帝的、离开他片刻都不能存在的东西（就像歌声是歌唱者的），上帝却让我们以一种特殊的方式拥有，以便我们能够自由地奉还。“我们的意志唯有属于你，才属于我们自己。”正如所有的基督徒都知道的，我们还有一种方式可以给予上帝，即，帮助陌生人，因为每一位接受我们衣食帮助的陌生人都是基督。[①] 不管我们知道与否，这显然都是对上帝的给予之爱。**大爱**可以在那些对他一无所知的人身上运行。圣经《马太福音》那个比喻中的“绵羊”既不知道隐藏在他们探望的囚犯身上的上帝，也不知道探望之时隐藏在自己身上的上帝。（我认为这整则比喻讲的是上帝对异教徒的审判，因为在希腊文圣经中，这个比喻的开头提到上帝召集“万民”到他跟前，“万民”很可能指的是外邦人。[②]）

人人都会同意，这种给予之爱来自上帝的恩典，应该称作仁爱。但是，我还必须加上一点，这点也许不太容易接

① 在圣经《马太福音》25:31－46中，耶稣用比喻说：“这些事你们既作在我这弟兄中一个最小的身上，就是作在我身上了。”给予帮助的人被比喻为绵羊。

② 参见圣经《马太福音》25:31－46。

受。在我看来，上帝还赐予了我们另外两份礼物：对他的超自然的需求之爱和对彼此的超自然的需求之爱。前者指的不是对上帝的欣赏之爱，即对上帝的敬慕。对这个高级的（实际上是最高级的）话题，我能说的甚少，会在后面稍稍提及。我说的这种爱，它不奢想自己是无私的，表现出一种无尽的匮乏。像河流自己开拓河道、神奇之酒在倒出时即为自己预备了酒杯一样，上帝将我们对他的需求转变为对他的需求之爱。更奇怪的是，他在我们心中创造了一种超乎自然的接受仁爱的能力。鉴于需求在本性上如此接近贪婪，而人类也业已变得如此贪婪，上帝赋予我们的这种能力似乎是一种奇怪的恩典。尽管奇怪，我仍然认为事实就是如此。

我们首先来看对上帝的超自然的需求之爱，它来自上帝的恩典。当然，这种需求不由恩典所生，它早已在那里，（正如数学家所说）是“已知的”。人是受造物本身就决定了人有需求，而这种需求又因为人的堕落无限地增加。上帝的恩典赋予我们的，是对这种需求的彻底承认、清楚的意识和完全接受（即使不完全接受，有所保留，至少也是乐意接受）。因为，倘若没有上帝的恩典，人的愿望和需求是相互冲突的。

基督徒在信仰实践中所说的一切表示自己不配的话，

在外界看来，与趋炎附势的人在暴君面前卑鄙虚伪的奴颜婢膝无异，至多也不过是一种自贬的方式，与中国的绅士称自己为“敝人、愚兄”没什么不同。基督徒所表达的，其实是他们不断更新的努力(不断更新是因为不断地需要)。他们要努力打消对自己以及对自己与上帝的关系的错误看法，即便在祷告时，我们的本性也不断地让我们产生这种错误看法。一旦相信上帝爱我们，我们就本能地相信，他这样做不是因为他是**大爱**，而是因为我们本质上可爱。古希腊人毫不羞愧地遵从了这种本能，他们认为，好人“深受众神的青睐”是因为他们自身的价值。基督徒因为接受了更好的教导，所以采取了一种圆滑的方式。我们绝不会认为自己拥有什么优点，值得上帝去爱。但是，瞧，我们的忏悔多么彻底！正如约翰·班扬在描述自己第一次虚假的皈依时所说：“当时我想，没有哪一位英国人比我更讨上帝的喜悦了。”这一招失败后，我们就献上自己的谦卑，认为这会得到上帝的欣赏。上帝无疑会喜欢**这点**喽？倘若上帝不喜欢这点，那么，我们清楚地认识到自己仍然缺乏谦卑，并且虚心地加以承认，就一定会讨上帝的喜悦。就这样，在极其隐秘的深处，以极其微妙的方式，上帝爱我们是因为我们可爱这种想法始终存在。我们是镜子，我们的亮光完全来自照耀我们的太阳。承认这点容易，长期意识到它却几乎不可能。

无论多么少，我们自身肯定有一点点亮光吧？我们肯定不**完全是**受造物吧？

上帝的恩典让我们像孩童一样，全然、乐意地接受了自己的需求，为自己完全依靠上帝而快乐，从而摆脱了那种荒谬的、从不彻底承认自己匮乏的需求(甚至需求之爱)。我们变成了“快乐的乞丐”。罪使人的需求增多，好人为这些罪感到难过，但对罪带来的新的需求不感到十分难过，对自己作为受造物本身所具有的那种无辜的需求则一点不感到难过。因为，那种认为我们拥有属于自己的东西、能够凭借自己的力量将上帝赋予我们的善保持片刻的错误想法，那种被我们的天性当作最后一件宝物紧抓不放的幻想，让我们始终不得快乐。我们就像游泳的人，想要保持双脚或一只脚、甚至一只脚趾触地，而实际上，失去那个立足点，他就可以尽情地冲浪。彻底放弃对自己固有的自由、力量和价值的要求，我们就会得到真正的自由、力量和价值。这些东西真正属于我们，正是因为上帝将它们赋予了我们，而我们也知道(从另一种角度说)它们不“属于我们”。这时候，阿诺道斯①才摆脱了自己的影子。

① 乔治·麦克唐纳的小说《幻境》的主人公，本句中的“影子”指的是他的自我中心主义。

上帝也会改变我们对彼此的需求之爱，这种需求之爱需要同样的改变。在现实生活中，人人都不时地需要(有些人在大多数时候都需要)他人的仁爱，这种爱是**大爱**本身在他人身上的体现，会去爱不可爱之人。尽管我们需要这种爱，但却不想要这种爱，我们希望别人因我们聪明、美丽、慷慨、正直、有用而爱我们。一旦觉察到有人在向我们施以这种最高层次的爱，我们就会深感震惊。这点已经是广为人知，所以，居心叵测的人才会假装对我们怀有仁爱，因为他们知道这会伤害我们。对一个希望与你和好，重新获得你的情爱、友爱或爱情的人，你若说："作为基督徒，我宽恕你"，彼此的争吵只会继续。说这种话的人当然是在撒谎，但是，假如这种话在真实时不会伤人，就没有人会假心假意地说它，以伤害对方。

举一个极端的例子，我们就可以看到，接受、不断地接受别人对自己的爱(这种爱不取决于我们自身的优点)是何等地困难。假定你是个男人，婚后不久即患上了不治之症，只能活上几年，无用、虚弱、丑陋、讨厌，依靠妻子养活。你原本希望使家庭生活富裕，结果却使它日益贫困；甚至连神智也不健全，无法控制自己，不时会大发雷霆，提出各种各样的要求，必须予以满足。假定你的妻子给予你无尽的照料和同情。你若能欣然接受这点，毫无怨恨地接受这一切而无以回报，甚至没有令人生厌的自贬（这些自贬其实只是变相地要求宠爱，要求确信对方对自己的爱），你所做的就超出了纯粹自然的需求之爱的能力范围。（毫无疑问，你妻子所做的也超出了自然的给予之爱的能力范围，但这不是眼下讨论的重点。）在这种情况下，接受比给予更难，或许也更有福。以上虽是一个极端的例子，但它说明的问题却具有普遍性。我们都在接受仁爱，每个人身上都有不能让人自然而然喜欢的地方，对此别人若不萌发自然之爱，绝不为错。只有可爱的东西才会得到人们自然的喜爱，否则，我们还可以叫人们喜欢吃变质的面包、喜欢听机钻的声音。尽管人人都有不可爱之处，有了仁爱，我们就可以得到宽恕、同情和爱；抛却仁爱，别无他途。拥有好父母、好妻子、好丈夫或好儿女的人都可以确信，自己不时地在接受仁爱（就某个特定的性格或习惯而言，可能一直都在接受），亲人们爱自己不是因为自己可爱，而是因为**大爱**本身在他们身上运行。

就这样，我们一旦允许上帝进驻我们心中，他就不仅会改变给予之爱，还会改变需求之爱，不仅改变我们对他的需求之爱，还会改变我们对彼此的需求之爱。当然，不仅如此。上帝肩负的使命在我们看来可能更可怕，他可能要求我们彻底弃绝某一种自然之爱。类似亚伯拉罕[①]那样崇高、重大的呼召可能会迫使一个人背弃自己的族人、父家；爱情若指向上帝禁止你爱的对象，你也许要被迫牺牲自己的爱情。在这类情况下，弃绝的过程虽然痛苦，却不难理解，我们更容易忽略的是：这种自然之爱即使允许继续存在，也需要改变。

在这种情况下，不是上帝的爱**取代**了自然之爱（仿佛我们需要把银子扔掉，腾出地方放金子似的），而是自然之爱应召充当仁爱的形式，同时仍然保持是原来的自然之爱。

在此，我们立即听到一种道成肉身的回声或韵律，或者说，看到了它的一种必然结果。对此我们不必感到惊讶，因为二者都是同一位上帝所为。正如基督既是完美的神又是完美的人，自然之爱应召也是既变成完美的仁爱，又变成完美的自然之爱。正如上帝变成人"不是通过将上帝转化为肉身，而是将人性带入上帝之中"一样，仁爱也不是退化为纯粹的自然之爱，而是将自然之爱提升进入**大爱**之中，变成适合**大爱**使用的顺服的工具。

大多数基督徒都明白其间的过程。自然之爱的一切活

---

① 参见圣经《创世记》第 12 章，上帝呼召亚伯兰（后改名为亚伯拉罕）离开本地、本族、父家，往上帝指示他的地方去。

动（罪除外）在恰当的时间，都可以变成坦然的、快乐的、满怀感激的需求之爱的活动，或变成无私的、非强加性的给予之爱的活动，这两种爱都是仁爱。没有任何东西太微不足道或太野蛮粗鲁，不能作这样的改变。游戏、笑话、饮酒、闲聊、散步、做爱，都可以成为我们宽恕别人或接受别人的宽恕、安慰别人或与别人和好、“为他人谋福利”的方式。**大爱**就这样在我们的本能、欲望和娱乐之中，为自己预备了“肉身”。

但是，我提到“在恰当的时间”，时间稍纵即逝。将自然之爱彻底地、稳妥地转变为仁爱的形式很难，也许堕落的人类没有一个人近乎完美地做到这点。但是，自然之爱必须作这种转变，这个原则我想是不可更改的。

这种转变的困难有一点在于，和往常一样，我们可能会转错方向。一个（有点过于表现在口头上的）基督徒圈子或家庭，在抓住了这个原则之后，可能会在公开的行动、尤其在言语上，有意显示自己已经实现了这种转变，这种显示很详尽、很夸张、令人尴尬、无法忍受。这种人在公开场合、在对待彼此上，将每一点小事都上升到明确的灵性的高度（私下屈膝向上帝祷告时这样做，另当别论）。他们总是祈求不必要的宽恕，或总是宽恕别人，令人难堪。与他们相比，谁不更愿意和那些吃上一顿饭、睡上一觉、开个玩笑便与你和好如初、轻轻松松就化解了自己（及我们）怨气的普通人生活在一起？在我们所做的一切事情当中，真正的宽恕应该最为隐秘，甚至尽可能连自己都不察觉。左手不应当知道右手所做的事。[1] 如果我们和孩子玩牌，“只是”为了逗他们开心，或是表明自己宽恕了他们，那么，我们的宽恕就还不够隐秘。倘若只能做到这点，那也没错。但是，如果更深、更潜意识的仁爱让我们觉得，和孩子开个小小的玩笑是此时我们最乐意的事，那就更好。

在将自然之爱转变为仁爱这项必要的工作中，我们最抱怨的事恰恰会给我们极大的帮助。我们从不缺乏需要将自然之爱转变为仁爱的场合。在所有的自然之爱中，我们都会遇到一些摩擦、挫折，只要不是盲目地以自我为中心，我们就知道，这些摩擦、挫折清楚地表明自然之爱并不“足够”。倘若盲目地以自我为中心，我们就会荒谬地利用这些摩擦和挫折。“要是孩子们更争气一点（瞧那小子，和他爸越来越如出一辙了），我对他们的爱就会无可指摘。”可是每个孩子都有惹人动怒的时候，大多数孩子还常常令人生厌。“要是我丈夫体贴点，勤快点，少大手大脚”……“要是我太

---

① 参见圣经《马太福音》6：3－4，耶稣说：“你施舍的时候，不要叫左手知道右手所作的；要叫你施舍的事行在暗中，你父在暗中察看，必然报答你。”

太不那么喜怒无常，多一点理智，不那么奢侈”……“要是我爸爸不那么讨厌地啰嗦，不那么抠门。”可是人人（当然包括我们自己）都有需要别人忍耐、容忍、宽容的地方，我们有必要操练这些德性。这种必要首先就迫使我们努力地将自己的爱转变为仁爱，严格地说，是努力地让上帝将我们的爱转变为仁爱。这些烦恼、摩擦对我们有益。在最没有烦恼、摩擦的地方，自然之爱的转变可能最为不易，烦恼、摩擦一多，超越自然之爱的必要就突显出来。当自然之爱达到尘世条件许可的最为满意、最不受羁绊的程度时，超越它——在一切似乎已经如此完美之时，看到超越的必要——可能需要更加微妙的转变和更加敏锐的洞察力。也是从这个角度，“财主”进天国可能很难。①

然而，我相信这种转变势在必行，至少，自然之爱若想进入天国，必须作这种转变。其实，大多数人都相信自然之爱能够进入天国，我们可能希望身体的复活指的也是所谓“大身体”的复活，即整个尘世生活，连同各种情感、关系的复活。但是，这种复活有一个条件，这个条件不是上帝任意设立的，而是由天国自身的性质决定的：任何事物不具备神性不得进天国。“血肉之躯”，即纯粹的本性，不能继承上帝

---

① 参见圣经《马太福音》19 章中“青年财主”的故事。

的国度。人能够进天国，只是因为死去并复活升天的基督“成形在他里面”。人类的爱难道不需要这样吗？只有**大爱**本身进入其中，人类的爱才能够上升至**大爱**本身。人类的爱只有以某种方式、在某种程度上与基督同死，其中的自然成分——年复一年或在突然的痛苦中——甘愿经历改变，才可以与他同复活。这个世界的时尚会过去，“自然”这个名字本身就暗示着短暂。自然之爱只有愿意被带入圣爱的永恒之中，至少，愿意在黑夜来临、没有人能够作工之前[①]让这个过程在尘世上开始，才可以期望永恒。这个过程总是不可避免地包括死亡，无一例外。在我对妻子或朋友的爱中，唯一永恒的成分是其中具有改变作用的**大爱**本身。有了**大爱**，其他成分方可盼望借助他从死里复活（正如我们的肉身盼望复活一样）。因为，在其他成分中，唯有这个成分才是圣洁的，这个唯一的成分就是上帝。

神学家们有时候追问，在天国我们是否还“彼此相识”，尘世上建立的那些爱的关系在天国是否还有意义。这样回答似乎有道理：“那得看它在尘世上变成了何种性质的爱，或正在向何种性质的爱发展。”因为，在这个世界，无论你爱

---

① 圣经《约翰福音》9：4——“趁着白日，我们必须作那差我来者的工；黑夜将到，就没有人能作工了。”

一个人爱得多深，如果这种爱不过是自然之爱，(因为这个缘故)你对在永恒世界与他相见甚至不感兴趣。这与你长大后，遇见小学时仅仅因为兴趣和爱好与你相同、似乎成为你莫逆之交的人有何区别？倘若没有其他原因，倘若彼此并非志同道合，此时的他对你而言就如同陌路。现在，你们谁也不会去玩康克戏，[1]你也不需要帮他做法语，他也不需要帮你做数学。我想，在天国里，从未体现**大爱**本身的爱也和这种友谊一样，与你毫不相干。因为，自然已经消逝，一切非永恒的东西都永远成为了过去。

但是，本书不可以在此结束。现在普遍存在一种错误的观点，即认为，基督徒生活的目标就是与逝去的亲人团聚。我不敢(因为我自己的渴望和恐惧，我越发不敢[2])让任何一位不幸丧亲的读者相信这种观点。对沉浸于悲痛之中的人来说，否定这点可能很残酷，听起来似乎不真实，但是，这点必须予以否定。

奥古斯丁说："你造我们是为了你，我们的心如不安息在你怀中，便不会安宁。"在站在圣坛前的那一刻，在春天的树林里半祷告、半默想时，我们很容易相信这点，但在临终

① 一种儿童游戏，双方各用绳子系住一个七叶树果，轮流互击，以击破对方的七叶树果为止。

② 写此书时，路易斯的太太已处于癌症晚期，即将离世。

的床前，这听起来却像是嘲讽。但是，如果我们坚持那种错误的观点，（甚至借助降神会和召魂术）将所有的安慰都寄托在将来有一天能够再度拥有尘世上所爱的人，不再分离，除此之外别无他想，那才是真正的嘲讽。人很容易相信，这种无止尽地延长尘世的幸福会带给人彻底的满足。

但是，根据我的经验，我们会立刻得到一个明确的提醒：这种观点有误。我们一旦企图利用对彼岸世界的信仰达到这个目的，信仰就会削弱。我一生中信仰真正坚定的时刻，始终是上帝位居我思想的中心的时刻。相信上帝，必然就相信天国。相反，首先相信与所爱的人团聚；然后，为了团聚相信天国；最后，为了天国相信上帝——这条路行不通。人当然可以去想象，但是，自我反省的人很快就会越来越清楚地意识到这是自己在想象，知道自己不过是在编织幻想。头脑简单的人会发现，自己企图从中得到满足的幻想既不能给他们带来任何安慰，也不能给他们提供任何滋养，最后只能通过可怜的自我催眠，也许再借助低俗的图画、诗歌、（更糟糕的是）巫术，激发出类似真实的幻觉。

经验告诉我们，向天国祈求尘世的安慰徒劳无益。天国只能给予天国的安慰，不能给予其他安慰。尘世甚至连尘世的安慰也不能给予，从长远来看，尘世的安慰并不存在。

因为，除非我们整个的信仰是错误的，否则，在一个由纯粹的人类之爱构成的天国中找到我们的目的，即我们受造的原因，这个梦想不可能实现。我们是为上帝而造，尘世上的人之所以激起我们的爱，只是因为他们在某方面与上帝相似，彰显出上帝的美、仁慈、爱心、智慧或善。我们的问题不在于爱他们太多，而在于不太明白自己究竟在爱什么。上帝不是要求我们离弃他们，离弃自己如此熟悉、挚爱的人，去爱一个陌生人。[①] 将来等我们见到上帝面时，我们会发现自己早已认识他。我们在尘世上经历一切纯真之爱时，上帝始终参与其中，他给了我们这些经历，维持其存在，每时每刻都在其间运行。在这些经历中，凡是真正的爱，即便在尘世，也都主要来自上帝，而不是来自我们，来自我们也只是因为来自上帝。在天国，我们不再有离弃尘世所爱之人的痛苦，也没有离弃他们的责任。这首先是因为，我们已经从肖像转向了真人，从溪流转向了泉源，从**大爱**使可爱的受造物转向了**大爱**本身；其次是因为，我们会发现他们都在上帝里面。爱上帝胜过爱他们，我们爱他们就会胜过现在。

---

① 在英语原文中，“陌生人”的首字母用的是大写，从下文可以看出指的是上帝。

但是，这一切都发生在遥远的“三一上帝的国度”，不是发生在尘世、流放途中、呜咽的山谷。在尘世这里，只有失去和弃绝。丧亲(就其影响我们而言)的目的也许就是要迫使我们失去和弃绝，然后，我们才会被迫努力去相信自己尚未体验到的东西，即，上帝是我们真正的所爱。所以从某些方面说，非基督徒比基督徒更容易接受丧亲。他可以冲着宇宙大发雷霆、破口大骂、挥舞拳头，(他若是位天才)还可以写出像豪斯曼[①]或哈代[②]那样的诗作。但是，基督徒在心情最沉痛、举步维艰时，却必须开始去尝试看似不可能之事。

一位老作家问道：“爱上帝容易吗?”他的回答是：“对爱上帝的人来说，容易。”以上，我将两种恩典——对上帝和对彼此的超自然的需求之爱——归于仁爱的名下，但是，上帝还能够赐予我们另外一种恩典。他能够在人的内心唤醒对他的超自然的欣赏之爱。在一切天赋中，这是最令人向往的天赋。一切人类的生命、天使的生命，其核心不在于自然之爱，甚至不在于伦理道德，而在于对上帝的超自然的欣赏

---

① 豪斯曼(Alfred Edward Housman, 1859－1936)，英国学者、著名诗人，他的抒情诗以朴实的文字表达了浪漫主义的悲观情绪。

② 哈代(Thomas Hardy, 1840－1928)，英国诗人和最杰出的乡土小说家。

之爱。有了这种爱，一切都成为可能。

这本书应该在此结束，我盼望有更好的书问世，来谈论这种欣赏之爱。我不敢再写下去。上帝知道我是否品尝过这种爱，我自己不知道，我所谓的品尝也许只是一种想象。像我这种想象力远远超过顺服之心的人，注定会受到公正的惩罚。我们能够轻易想象出远远高于自己所至的境界，若将其描述出来，可能会让别人以及自己以为，我们实际上已经达到了那种境界。倘若品尝到对上帝的欣赏之爱只是我自己的想象，那么，连这种想象有时候都使我们所渴望的其他对象——即便是平安永无恐惧——显得像破碎的玩具和凋谢的花朵，这是不是更进一步的幻觉？也许是的。也许对大多数人而言，所有的体验不过是说明了我们对上帝的爱是何等地欠缺。仅有体验是不够的，但体验有它的意义。倘若我们不能"经常体验到上帝的临在"，经常体验到上帝的不在，越来越意识到自己的无意识，直到有朝一日，我们感觉像那些站在大瀑布旁却不闻其声、故事中朝镜中观看却不见人面、梦中伸手去摸有形的物体却没有任何触觉的人那样——也是有意义的。知道自己在做梦就证明你不再沉睡。但是，要了解那个彻底清楚的世界，你需要去请教比我更好的人。

译者后记

我最初读到 C. S. 路易斯的《四种爱》是在 2004 年 7 月，当时我刚考上中国人民大学哲学系基督教研究专业的博士研究生，正在为将来博士论文的研究方向发愁。《四种爱》九页的引言还没有读完，我就为路易斯清晰优美的语言、生动贴切的类比、独特深刻的洞见所震撼。那时，我差不多就决定研究他的神学思想作为将来的博士论文主题。两个月后，在入学的第一天，我的导师何光沪教授主动提出让我研究路易斯，对这种不谋而合，我惊诧得简直无法形容。在接下来的三年中，我非常有幸地成为路易斯的《从岁首到年终》(合译)、《返璞归真(纯粹的基督教)》和《四种爱》的译者。其间的很多巧合是我不曾预料、也无法测透的。

《四种爱》堪称爱的经典，是路易斯晚年在遍尝情爱、友爱、爱情和仁爱之后创作的，对每一种爱的论述都反映了他丰富而坎坷的人生经历。路易斯 1898 年出生于北爱尔兰一个虔诚的新教徒家庭。不到 10 岁时，母亲患癌症去世。这件事对他和哥哥沃伦的一生产生了巨大的影响。他的父亲原本多愁善感、喜怒无常，在妻子患病期间，由于焦虑，情绪变得越发不可捉摸，常常口出粗言、蛮横无理，“一切使家可以称之为家的东西都不复存在。”路易斯和哥哥开始与父亲隔绝，兄弟俩越来越相互依靠，像“两只惊恐的刺猬，在寒冷的世界上蜷缩在一起，相互寻求温暖。”[①]除上学和在军中服役外，兄弟俩终生相依为命。第一次世界大战期间，路易斯结识了战友的母亲——与丈夫分居、年长他 27 岁的摩尔太太。也许因为幼年丧母、父子情疏的伤痛，路易斯和摩尔太太的关系非常亲密。战友阵亡后，回到牛津大学读书的路易斯和摩尔太太母女生活在一起，直到摩尔太太去世。在朋友面前，他称摩尔太太为母亲，和她在同一屋檐下度过了整整半生的时光。路易斯在《四种爱》中谈到情爱由彼此相处熟悉中产生，是一种最没有等差区别的爱，情爱中容易产生嫉妒，作为给予之爱，情爱可能发生扭曲等等，显然都

---

① C. S. 路易斯，《惊喜之旅》(*Surprised by Joy*)。

是他和哥哥及摩尔太太之间感情的真实反映。少年路易斯热爱北欧神话，与拥有同样爱好的邻居亚瑟·格雷夫斯结下了终生的友谊，相互通信谈论读书、写作、信仰、生活近50年之久。自20世纪30年代初起，路易斯和《魔戒》的作者托尔金等清一色的男性文学爱好者成立了“淡墨会”，其成员连续15年每周两次分别在路易斯的寓所和牛津大学的一所酒吧聚集，一边抽着烟斗、啜饮啤酒，一边海阔天空地畅谈文学、哲学、宗教，宣读、评论彼此的作品。“淡墨会”的生活是路易斯理想的生活和快乐模式。在《四种爱》中，他称共同的兴趣将朋友们连结到一起，称友爱为“高度灵性的”、类似天使之间的爱，指出了友谊圈子的排外性以及容易产生的集体的骄傲，这些无疑都来自他对友爱的切身体悟。路易斯一直单身，59岁时与离异、带着二子来英国、患有多种癌症、濒临死亡的美国女作家乔伊结婚。在三年的婚姻生活中，他们“尽情享受了爱的筵席……心灵或肉体没有一丝缝隙不曾得到满足。”[①]在《四种爱》中，路易斯称爱情的伟大之处在于全身心的投入、将幸福置之度外、超越了对自我的关注，这些无疑是他自己婚姻的真实写照。他提到，爱情容易变成宗教，在所有爱中，达至巅峰的爱情最酷

---

① C. S. 路易斯，《卿卿如晤》(*A Grief Observed*)。

似上帝，最有可能要求人们去崇拜，也许他在自己崇高美丽的爱情中就曾经历这样的“试探”。路易斯少年时由于受神秘主义、悲观主义等影响，背弃了基督教信仰，33 岁时重新皈依。他将自己比喻为《路加福音》中的浪子，称上帝为“垂钓高手”和他的对弈者，借助他对喜乐(Joy)的渴望、他所阅读的书籍、结交的朋友、信奉的哲学等，一步步进逼，迫使他回归。“上帝的严厉比人类的温柔更仁慈，上帝的强制是我们的自由。”[①]在《四种爱》最后一章中，路易斯谈到上帝的恩典的改变作用：允许大爱进驻其中，自然之爱就会转变为仁爱，能够爱那些不可爱之人，像上帝那样无私地给予。路易斯对酗酒的哥哥、晚年脾气乖戾的摩尔太太的宽容和照顾，与乔伊结婚前，对她们母子三人数年的同情和帮助，二战时期接纳从伦敦撤退的孩子住进自己的家中，捐献从电台演讲和著作出版中所得的收入等等，都是他仁爱的表现。

在书中，路易斯把情爱、友爱和爱情的崇高及危险之处娓娓道来，旨在说明，自然之爱有类似上帝——大爱本身——的一面，但它们不能够自足，需要上帝恩典的介入，

① C. S. 路易斯，《惊喜之旅》。

向仁爱转变。“[自然之]爱一旦变成上帝，亦即沦为魔鬼。”自然之爱常常与爱上帝相竞争，对二者之间关系，路易斯说：

> 我们是为上帝而造，尘世上的人之所以激起我们的爱，只是因为他们在某方面与上帝相似，彰显出上帝的美、仁慈、爱心、智慧或善。我们的问题不在于爱他们太多，而在于不太明白自己究竟在爱什么。上帝不是要求我们离弃他们，离弃自己如此熟悉、挚爱的人，去爱一个陌生人。将来等我们见到上帝面时，我们会发现自己早已认识他。我们在尘世上经历一切纯真之爱时，上帝始终参与其中，他给了我们这些经历，维持其存在，每时每刻都在其间运行。在这些经历中，凡是真正的爱，即便在尘世，也都主要来自上帝，而不是来自我们，来自我们也只是因为来自上帝……爱上帝胜过爱他们，我们爱他们就会胜过现在。[①]

因此，在面临选择时，人应该始终将上帝放在首位，选择他，

---

① C. S. 路易斯，《四种爱》。

侍奉他，让自己的意志顺服于他。

《四种爱》对我的影响其实远远不止于学术研究。在翻译本书及随后的写作过程中，路易斯揭示的爱的种种陷阱常常浮现在我的眼前，促使我思考自己的爱：我对孩子的给予是否出于自己需要被人需要的心理？我是否为了能够永远为他所需，在他年幼的时候操纵他的需要，使他永远依赖于我，从而牺牲了原本属于他的真正的幸福？我对他人的帮助是真的出于仁爱，还是一种施恩，为要得到人的赏赐？路易斯说，在友爱中，“一位看不见的司仪一直在那里工作”。我们彼此为友，不是自己选择了彼此，乃是上帝为我们选择了彼此。有很多人都比我们的朋友更美，但是通过友爱，上帝让我们看到他们的美，在有益的友谊中，上帝通过友爱使他们的美加增。我想，路易斯的这番话岂不同样适用于情爱和爱情？在这个世界上，每一种关系的形成都不是绝对的偶然。果真如此，我们就应当存一颗感恩、敬畏的心对待每一位我们与之交往的人。在题为“荣耀的重负”的讲道文中，路易斯说，我们应该善待我们的邻人，他们将来能否获得荣耀，这个重担在很大程度上落在我们肩上。我们今天与之交谈、感觉最沉闷乏味的人，将来可能成为我们不由自主想要崇拜的对象，也可能成为我们避之唯恐不及的堕落可怕之人。从某种程度上说，我们每天都在帮助他们向此或彼终点靠近。

最后，我要解释一下本书中四种爱的名称翻译。这四种爱，英文分别是 Affection、Friendship、Eros 和 Charity。第一种爱和第四种爱名称的翻译采用的是何光沪教授使用的名词：情爱和仁爱。何教授在《月映万川》的开篇——“宗教、道德与爱的维度”一文中，从爱之起因、爱之趋向和爱之关系三个角度，区别了爱的三种性质：喜爱、情爱和仁爱。他认为，情爱的起因是人际之间由于血缘关系或交往相处而产生的自然的感情；仁爱的起因“是由于对象及其特性的存在本身”。仁爱是“爱的第三维度”，“具有某种超越的特性”。何教授所说的情爱和仁爱，与路易斯所说的 Affection 和 Charity 指的是同一内容。因为本书的书名是《四种爱》，所以，何教授建议我将 Friendship 译为“友爱”，而不是“友谊”。这一建议还出于另外一个原因，即正如路易斯所说，今天在很多人的心目中，友谊已经不再是爱。

本书大部分的翻译是在严冬季节的教室里、孩子枕在我的膝头睡着时完成的。翻译的过程固然艰辛，但也增加了我对爱的深切认识。在翻译过程中，笔者曾得到何光沪教授和王文炯教授的多方指教和更正，在此谨向两位学者表示敬意。六点的编辑们对译文提出了许多宝贵意见，使译文有了很大的改进，在此也向他们表示感谢。

由于译者水平有限，尽管得到众人的帮助，译文中一定仍然存在很多缺点和错误，恳请读者批评指正。

汪咏梅

2007年11月

于北京

图书在版编目(CIP)数据

四种爱/(英)路易斯(Lewis,C.S.)著;汪咏梅译.--修订本.
--上海:华东师范大学出版社,2013.7
ISBN 978-7-5675-1055-5
I.①四… II.①路…②汪… III.①情感—研究 IV.①B842.6

中国版本图书馆 CIP 数据核字(2013)第 171347 号

华东师范大学出版社六点分社

企划人 倪为国

路易斯著作系列

四种爱

著 者 (英)C.S.路易斯
译 者 汪咏梅
责任编辑 倪为国 何 花
封面设计 姚 荣

出版发行 华东师范大学出版社
社 址 上海市中山北路 3663 号 邮编 200062
网 址 www.ecnupress.com.cn
电 话 021-60821666 行政传真 021-62572105
客服电话 021-62865537(兼传真)
门市(邮购)电话 021-62869887
地 址 上海市中山北路 3663 号华东师范大学校内先锋路口
网 店 http://hdsdcbs.tmall.com

印 刷 者 上海印刷(集团)有限公司
开 本 787×1092 1/32
插 页 4
印 张 6
字 数 90 千字
版 次 2013 年 12 月第 2 版
印 次 2018 年 8 月第 6 次
书 号 ISBN 978-7-5675-1055-5/B·794
定 价 38.00 元

出 版 人 王 焰

(如发现本版图书有印订质量问题,请寄回本社客服中心调换或电话 021-62865537 联系)